U0203185

新编 大众菜

罗 岚 编著

团结出版社

图书在版编目（CIP）数据

新编大众菜 / 罗岚编著 . -- 北京：团结出版社，
2014.10（2021.1 重印）
ISBN 978-7-5126-2319-4

Ⅰ.①新… Ⅱ.①罗… Ⅲ.①菜谱 Ⅳ.
① TS972.12

中国版本图书馆 CIP 数据核字 (2013) 第 302502 号

出　　版：团结出版社
　　　　　（北京市东城区东皇城根南街 84 号　　邮编：100006）
电　　话：（010）65228880　65244790（出版社）
　　　　　（010）65238766　85113874 65133603（发行部）
　　　　　（010）65133603（邮购）
网　　址：http://www.tjpress.com
E-mail：65244790@163.com（出版社）
　　　　　fx65133603@163.com（发行部邮购）
经　　销：全国新华书店
排　　版：腾飞文化
图片提供：邴吉和　黄　勇
印　　刷：三河市天润建兴印务有限公司

开　　本：700×1000 毫米　1 /16
印　　张：11
印　　数：5000
字　　数：90 千字
版　　次：2014 年 10 月第 1 版
印　　次：2021 年 1 月第 4 次印刷

书　　号：978-7-5126-2319-4
定　　价：45.00 元

单身打拼的您，结束一天工作，想好好犒劳自己时，是否只能想美食而兴叹？

为人妻为人母的您，是否在为不知怎样给家人做营养可口的早餐和晚餐而伤脑筋？

为人夫为人父的您，当妻子出差时，是否还只会领着孩子吃快餐、煮泡面？

退休享受生活的您，是否依然重复着做了几十年的那些菜？

高速发展的社会为我们带来方便快捷的同时，也带来了种种隐患。环境污染、饮食污染、精神污染等社会问题，让我们身处的环境愈加恶劣，这就提醒我们要更好地爱家人、爱自己。然而快节奏的生活让处于不同年龄段的人有不同的压力，很多时候我们只顾匆匆赶路却没有更多时间去关爱家人。于是，大家往往感叹，拥有时并不懂得珍惜。

其实，真正的关爱并不难，从每日的饮食中就可以传递。

您也想用美食好好爱家人，然而环顾四周，种种信息包围着您。食物的相生相克，何时吃何种食物，怎样吃营养更高，怎么做更科学等，总让您不断经历着头脑风暴却不知该如何下手。鉴于此，我们编辑出版了这本《新编大众菜》，精选了大众喜爱的若干经典家常菜，每个菜品均详细介绍了原料、做法和特点，配以彩色成品图，查阅方便，清晰明了。我们尽量做到使书的内容更丰富，文字更实用，图片更赏心悦目，只希望呈现给您一本实用的家庭烹饪指导书。这一切，只为让爱家

新编大众菜

1

的您轻松做出可口美味的菜肴。

　　您一定很希望用自己的厨艺去温暖滋润爱人的胃；

　　您一定很希望用自己做出的营养美食取代孩子喜欢的垃圾食品；

　　您一定很希望适时创新，犒劳自己，享受生活。

　　一切都不难，来吧，虽然这本书不会让您变成专业的烹饪大师，但却可以让您成为传递爱的高手。

　　它只想告诉您：爱，其实并不难。

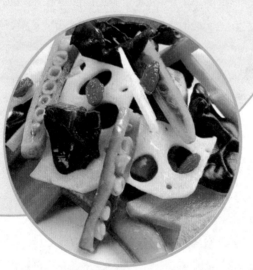

健 康荤菜

目录

Contents

美 味素菜

目录

Contents

新 鲜水产

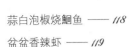 养汤羹

目录

Contents

日常主食

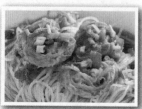

★ ★ ★ ★ ★

健康荤菜

★ ★ ★ ★ ★

清蒸排骨

视觉享受：★★★
味觉享受：★★★★
操作难度：★★★

 **主料：** 猪排 500 克，冬笋（水发玉兰片、茭白均可）60 克
 **配料：** 精盐 25 克，料酒、味精各 10 克，葱丝 40 克，姜丝 20 克，高汤（或水）800 克

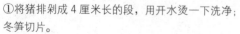 ## 操作步骤

①将猪排剁成 4 厘米长的段，用开水烫一下洗净；冬笋切片。

②将猪排放入碗内，再分别放上冬笋片、葱丝、姜丝、味精、料酒、精盐、高汤，上笼用旺火蒸 60 分钟即成。

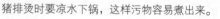 ## 操作要领

猪排烫时要凉水下锅，这样污物容易煮出来。

营养贴士

此菜可为幼儿和老人提供钙质，具有滋阴、润燥、润肌肤、利便和止消渴等功效。

视觉享受 ★★★　味蕾享受 ★★★★　操作难度 ★★★★

豉汁蒸排骨

TIME 30分钟

菜品特点
肉滑味美
豉香味香

➡ **主料：** 猪排 500 克

➡ **配料：** 豆豉 10 克，蒜茸 40 克，辣椒、胡椒粉、精盐、糖、香油、生抽、生粉各适量

操作步骤

①猪排用冷水洗净，沥干水分后剁成 2 厘米见方的小块；豆豉也用水冲洗一下；辣椒切碎。
②排骨放入盘子，加胡椒粉、精盐、糖、香油搅拌均匀，然后加入生粉拌匀，再加入豆豉、蒜茸、辣椒、生抽拌匀。
③放入蒸锅中蒸 15 分钟，即可。

操作要领

各家炉灶火力强弱不一，食材份量不一，蒸制的容器大小深浅不一，所以耗时也会长短不等，要灵活把握蒸制时间。

营养贴士

此菜可维护骨骼健康，具有滋阴润燥、益精补血的功效。

➡ **主料：** 猪排 400 克

➡ **配料：** 鸡蛋 1 个，精盐 3 克，大蒜 2 瓣，辣椒 3 个，干、湿淀粉各 5 克，糖醋汁 15 克，花生油 500 克

操作步骤

①将猪排洗净，斩成 3 厘米长的块。
②将猪排放入碗中，加入精盐、湿淀粉拌匀，再放鸡蛋液调匀，然后拍上干淀粉。
③大蒜去皮，剁成茸；辣椒洗净，切成末。
④锅烧热放花生油，烧至七成热，放入猪排炸至金黄色，捞出沥去油装盘。
⑤炒锅回炉上，放入蒜茸、辣椒末、糖醋汁，调入湿淀粉搅匀，分装在两个小盘内，上桌蘸食。

操作要领

生炸猪排时，油温不可过热，否则容易出现外焦里生的情况。

营养贴士

此菜具有滋阴壮阳、益精补血的功效。

视觉享受 ★★★★　味蕾享受 ★★★★　操作难度 ★★★

香酥炸排骨

TIME 30分钟

菜品特点
酥脆焦香
味汁酸辣

 松子鸡

TIME 40分钟

视觉享受：★★★★
味觉享受：★★★★
操作难度：★★★

菜品特点
酥软鲜嫩
松子香浓

主料： 母鸡 1 只（500 克）

配料： 松子仁 10 克，猪肋条肉 150 克，淀粉 25 克，酱油 20 克，白糖 10 克，葱花 25 克，姜末 15 克，花生油 75 克，香油 15 克，鸡汤、荷兰豆、果脯丝各适量

 操作步骤

①将鸡洗净，取鸡脯、鸡腿，剔去骨，在肉的一面排剞；荷兰豆洗净焯熟，纵向切两半。

②猪肋条肉斩成茸，加酱油、白糖、葱花、姜末搅匀，做成肉馅；在鸡肉上拍淀粉，抹上肉馅，用刀排斩，上嵌松子仁。

③锅中热花生油，将鸡块煎炸，然后放入垫有竹箅的砂锅内，加入鸡汤、酱油、白糖、葱花和姜末，焖至酥烂，取出改刀，保持原形装入盘内。

④原汁上火烧沸着芡，淋香油，浇在炸好的鸡块上面，然后以果脯丝、荷兰豆点缀即成。

 **操作要领**

抹上肉馅的鸡肉，排斩这道工序不能少，以使两种肉较好地粘合在一起。

 **营养贴士**

此菜具有补气、补血、祛风的功效。

桂圆子鸡

视觉享受：★★★★ 味觉享受：★★★★ 操作难度：★★★

TIME 60 分钟

菜品特点
气味芳香
汤汁醇美

主料： 童子鸡 500 克

配料： 桂圆肉 20 克，姜 5 克，精盐 3 克，味精 1 克，枸杞、香菜少许

操作步骤

①用水冲净童子鸡的血污，然后焯一下水。

②洗净桂圆肉、枸杞和香菜；姜切片。

③将童子鸡、桂圆肉、枸杞、姜片放入炖盅内，然后加水，烧沸，撇去表面浮沫。

④盖好盖，用小火炖 1 小时左右。

⑤至鸡肉熟烂时，放入精盐、味精调味，放上香菜装饰即可。

操作要领

炖鸡时，盐不要放太早，以免影响鸡肉、鸡汤的口味及营养的保存。

营养贴士

此菜具有养血益颜的功效。

主料： 三黄鸡 1 只

配料： 麻油、料酒、姜片各适量，葱花、青椒丝、红椒丝、洋葱丝各少许

操作步骤

①将三黄鸡用清水冲洗干净。

②将三黄鸡放入冷水锅中，水要没过鸡，然后放料酒、姜片。

③大火煮开后转小火继续煮 2 分钟，关火不要开盖子，让鸡在汤中浸泡半小时，让锅中的余温把鸡泡熟。

④自然冷却后，将三黄鸡捞出，在鸡表面均匀地刷上麻油，切块盛盘，撒上葱花、青椒丝、红椒丝、洋葱丝装饰即可。

操作要领

煮鸡的整个过程不要开盖子。

营养贴士

此菜具有增强体力、强壮身体的功效。

白切鸡

视觉享受：★★★★ 味觉享受：★★★★ 操作难度：★★★

TIME 50 分钟

菜品特点
肉质滑嫩
清淡鲜美

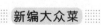

啤酒鸡

TIME 30分钟

菜品特点
鲜味浓郁
鸡适醉人

● **主料：** 鸡1只

● **配料：** 啤酒3罐，精盐5克，白糖2克，胡椒粉、姜、葱、蒜各适量

 操作步骤

①将鸡冲洗，沥干。

②锅中放入鸡，加入所有调料和啤酒。

③锅置火上，大火烧开后，调小火，炖15至20分钟即成。

 **操作要领**

鸡一定要是整鸡，这会让鸡味更浓，吃起来更过瘾。

 营养贴士

此菜具有滋阴、健脾开胃等功效。

视觉享受：★★★★ 味觉享受：★★★★★ 操作难度：★★

剁椒蒸土鸡

TIME 90分钟

菜品特点
肉质鲜美
香辣过瘾

➡ **主料:** 土鸡半只

👉 **配料:** 剁椒、豆豉、料酒、蚝油、葱花、精盐各适量

🍳 操作步骤

①将土鸡洗净斩块，用少许精盐、料酒、蚝油腌10分钟。
②将鸡块放入碗中，浇上剁椒、豆豉。
③将装有鸡块的碗置蒸锅上，蒸1小时，撒上葱花出锅即可。

👋 操作要领

剁椒的使用量可根据个人口味而定。

👉 营养贴士

此菜具有开胃、滋补、促进生长发育等功效。

➡ **主料:** 鸡脯（或鸡腿）250克

👉 **配料:** 鸡蛋1个，菱粉75克，猪油、黄酒、精盐、味精各适量

🍳 操作步骤

①将鸡脯去皮，去筋，用力拍松，再切成长块。
②将猪油、黄酒、精盐、味精调在小碗里，放鸡块浸一下，然后放入打散的鸡蛋里抓一抓，最后放在湿菱粉内抓一抓。
③锅中放入猪油，至八成热时，放入鸡块，鸡块呈金黄色时，起锅装盘即成。

👋 操作要领

菱粉不要抓得太多或太少。太多了，鸡块炸不入味；太少了，鸡块容易炸老。

👉 营养贴士

此菜具有增强体质的功效。

视觉享受：★★★★ 味觉享受：★★★★ 操作难度：★★★

软炸鸡

TIME 30分钟

菜品特点
皮脆肉嫩
老幼皆宜

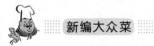

 三杯鸡

TIME 30 分钟

视觉享受：★★★★
味觉享受：★★★★★
操作难度：★★★★

菜品特点
香辣爽口
甜味适中

● 主料：鸡腿肉 300 克
● 配料：蒜瓣、葱头、姜片各 15 克，蒜末 3 克，味精 1 克，青椒、红椒各 3 克，植物油、三杯汁、老抽、生抽、料酒、上汤、湿淀粉各适量

操作步骤

①将鸡腿肉切成块，加料酒、生抽、10 克姜片腌渍一会儿。

②锅中放多些油烧热，下腌渍好的鸡腿肉，炸至变色捞出，下蒜瓣和葱头，炸至浅黄色捞出沥油。

③锅留底油，下剩下的姜片、蒜末，炒出香味，放1 勺上汤和三杯汁煮沸，下炸好的鸡腿肉和蒜瓣、葱头、青椒、红椒，加老抽、生抽，待鸡腿肉入味均

匀时撒上味精，用湿淀粉勾芡，装盘即可。

 操作要领 ◀◀◀

鸡肉要切成小块，否则不宜入味。

营养贴士

此菜富有营养，有滋补养生的作用。

视觉享受：★★★★ 味觉享受：★★★★★ 操作难度：★★★

麻婆豆腐鸡

TIME 30分钟

菜品特点
麻辣婆口
营养开胃

主料： 鸡腿2个

配料： 北豆腐1块，炸花生米15克，郫县豆瓣酱、精盐、酱油、鸡精、料酒、花椒、葱末、姜末、蒜末、干辣椒段、香菜段各适量，高汤1000克

操作步骤

①将鸡腿洗净切块，然后放入精盐、鸡精、料酒和酱油，腌渍10分钟。

②豆腐切块备用。

③炒锅放油，开小火炒制豆瓣酱和花椒，香味出来后，加入葱末、姜末、蒜末和干辣椒段。

④开大火，放入鸡块和料酒，翻炒几下。

⑤鸡块微变色后，放入高汤和豆腐，转小火煨。

⑥ 20分钟后，放入酱油、精盐和炸花生米，撒上香菜段出锅。

操作要领

炒豆瓣酱要用小火，以免糊锅。

营养贴士

此菜具有开胃、补虚、养身的功效。

主料： 鸡爪500克，青椒、红椒各100克

配料： 姜、蒜、大料、桂皮、香叶、丁香、花椒、胡椒粒、老坛泡椒、老坛泡椒水、米醋、米酒、矿泉水各适量

操作步骤

①鸡爪除去指甲、掌心老皮，剁成两半；青椒、红椒斜切片。

②锅中放水，下米酒、姜片、凤爪，开大火，沸腾后转中火，撇去浮沫，煮8分钟，捞起，用凉水冲洗浸泡3小时。

③取一大碗，将姜、蒜、大料、桂皮、香叶、丁香、花椒、胡椒粒、老坛泡椒、老坛泡椒水、米醋、米酒、矿泉水混合成腌汁，将鸡爪、青椒片、红椒片放入，封保鲜膜，入冰箱腌渍3小时以上，即可食用。

操作要领

煮好的鸡爪最好用冷水冲洗一下，这样能更好地去油、增白、增脆。

营养贴士

此菜具有开胃生津、促进血液循环的功效。

视觉享受：★★★★★ 味觉享受：★★★★★ 操作难度：★★★★

青椒凤爪

TIME 7小时

菜品特点
丰满洁白
鲜肉生香

五彩鸡丝

TIME 30分钟

菜品特点
色彩缤纷
营养美味

视觉享受：★★★★
味觉享受：★★★★
操作难度：★★★★

主料： 鸡脯肉 100 克

配料： 冬瓜、胡萝卜各 30 克，黄甜椒、香菇各 10 克，大豆油、香油、葱末、姜末、精盐、味精、料酒、水淀粉各适量

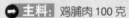
操作步骤

①将鸡脯肉、冬瓜、胡萝卜、香菇、黄甜椒分别切丝。
②将鸡肉丝放入容器，加入精盐、料酒，再用水淀粉抓匀上浆。
③用水、料酒、精盐、味精、水淀粉调成芡汁备用。
④锅内倒大豆油，烧至三成热时，下鸡肉丝，炒熟后盛出。
⑤锅内留底油，放入葱末、姜末炒香，然后放入冬瓜丝、香菇丝、胡萝卜丝、青椒丝和鸡肉丝，煸炒

片刻，加入芡汁炒匀，淋上香油即可。

操作要领

冬瓜丝、香菇丝先炒一会儿，然后再放胡萝卜丝、青椒丝和鸡肉丝。

营养贴士

此菜具有清热去火、降低胆固醇的功效。

视觉享受：★★★★ 味觉享受：★★★★★ 操作难度：★★★★

黑椒牛柳

TIME 30分钟

菜品特点
香味浓郁
肉质鲜嫩

主料： 牛柳 250 克，洋葱 50 克，青椒 30 克，红椒 15 克

配料： 黑胡椒粒 5 克，精盐 4 克，味精 2 克，淀粉 10 克，酱油 7 克，鸡蛋液 15 克，蒜末 10 克，蚝油 15 克，老抽 5 克，植物油适量

操作步骤

①将牛柳洗净切片，加精盐、味精、酱油、鸡蛋液、淀粉、老抽腌渍 20 分钟。

②洋葱剥皮切片；青椒、红椒洗净去蒂切片。

③锅中置油，烧至五成热时将腌好的牛柳片放入锅中迅速翻炒至熟，捞出沥油待用。

④锅中留少许底油，烧热后放入蒜末、黑胡椒粒和蚝油，待炒香后放入洋葱片和青椒片、红椒片翻炒片刻。

⑤最后加入待用的牛柳共同翻炒，使肉片和洋葱、青椒、红椒表面均匀地粘满黑胡椒粒即可。

操作要领 ◀◀◀

腌渍前将牛柳拍松加淀粉抓拌，能使牛肉更鲜嫩。

营养贴士

此菜具有抗血管硬化及降低血脂的功能。

主料： 牛肉 500 克

配料： 陈皮 40 克，干辣椒、葱花各 20 克，花椒 5 克，姜末 10 克，精盐 10 克，绍酒 30 克，白糖 30 克，麻油、红油各 10 克，高汤 400 克，植物油适量

操作步骤

①牛肉洗净，去筋，切成片，盛入碗内加精盐、绍酒、姜末、葱花拌均匀，腌约 20 分钟；陈皮用温水泡后切成小块待用。

②炒锅置旺火上，放油烧至七成热，下牛肉片炸至表面变色，水分快干时捞起。

③炒锅放油 40 克，油热后加干辣椒、花椒、陈皮炒出香味，再放牛肉、精盐、绍酒、白糖，高汤煮开，改用中火收汁，汁快干时加入红油、麻油翻匀出锅即可。

操作要领 ◀◀◀

炸牛肉时要注意掌握火候，不能把牛肉炸焦。收汁时不要收得太干。

营养贴士

此菜有行气健脾、降逆止呕的作用。

视觉享受：★★★★ 味觉享受：★★★★ 操作难度：★★★

陈皮牛肉

TIME 30分钟

菜品特点
质地酥软
麻辣回甜

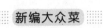

TIME 60分钟

黄豆焖牛腩

视觉享受: ★★★★
味觉享受: ★★★★★
操作难度: ★★★★

菜品特点
营养丰富
豆香肉软

主料: 牛腩 400 克

配料: 干黄豆、白萝卜各 30 克,枸杞 10 克,西红柿 1 个,葱粒、姜末各适量,植物油 30 克,高汤、胡椒粉、精盐、味精、白酒各适量

操作步骤

①牛腩洗净切块;干黄豆泡透洗净;白萝卜、西红柿洗净后,去皮切块;枸杞泡洗干净。

②锅里置油烧热,放入姜末、牛腩爆炒,然后倒入白酒、高汤,用小火焖 20 分钟,再加入白萝卜、黄豆、西红柿、枸杞,最后待焖烂时,加精盐、味精、胡椒粉、葱粒即可。

操作要领

焖牛腩时加入白酒,有助于加快牛腩熟烂的速度。

营养贴士

此菜含有丰富的优质蛋白质、铁质、维生素 B 等营养成分。

视觉享受：★★★★　味觉享受：★★★★★　操作难度：★★★★

竹笋烧牛腩

TIME 40分钟

菜品特点

肥糯清脆

● **主料：** 牛腩400克，竹笋200克
● **配料：** 葱5克，姜4克，料酒3克，白砂糖、淀粉、豆瓣酱各5克，味精3克，精盐4克，花生油30克，高汤适量

🔄 操作步骤

①牛腩剁成小块；竹笋切成段。
②锅内置花生油烧热，下牛腩小火煸炒至水分干，然后放入豆瓣酱、料酒、姜、葱炒香，再加入高汤旺火烧沸，撇去浮沫，改用小火煨20分钟。
③放入竹笋再煮10分钟，然后加白砂糖、精盐、味精，用湿淀粉勾芡，装盘即成。

🔥 操作要领 ◀◀◀

竹笋不要过早下锅，以免煮烂。

👉 营养贴士

此菜具有滋养脾胃、强健筋骨、美容减肥等功效。

● **主料：** 牛肉500克，胡萝卜200克
● **配料：** 大料、香叶、花椒、桂皮、陈皮各适量，干辣椒4根、豆瓣酱、姜片、葱段、香菜、精盐、味精、老抽、料酒各适量

🔄 操作步骤

①将牛肉洗净，切成小方块。
②锅中放油烧热，下牛肉、料酒炒1分钟，然后把姜片、葱段、大料、香叶、花椒、桂皮、陈皮、干辣椒、豆瓣酱、老抽一起放入炒香，最后加水慢慢炖。
③牛肉八成熟时，把胡萝卜放入，待牛肉熟时，放精盐、味精、香菜少许即成。

🔥 操作要领 ◀◀◀

水要过牛肉3厘米左右。

👉 营养贴士

此菜具有解毒、促进肠胃蠕动、补中益气等功效。

视觉享受：★★★★　味觉享受：★★★★★　操作难度：★★★★

清炖牛肉

TIME 40分钟

菜品特点

清香微芳

 啤酒炖牛肉

TIME 40分钟

视觉享受：★★★★
味觉享受：★★★★★
操作难度：★★★★

 菜品特点
鲜香味美
营养健康

主料： 牛肉300克

配料： 啤酒1瓶，胡萝卜50克，洋葱25克，姜、蒜各5克，白糖5克，番茄酱15克，酱油、植物油、胡椒粉、精盐各适量

操作步骤

①胡萝卜洗净切成滚刀块；洋葱洗净切块；姜洗净切片；蒜瓣洗净备用。

②牛肉切成小块，用沸水焯后捞出，再放入凉开水中洗去浮沫待用。

③锅中置油，油温至四成热时，放入姜片、蒜瓣、洋葱块翻炒，然后加入番茄酱、牛肉块、酱油、白糖、啤酒、胡萝卜块、胡椒粉、精盐，用小火炖半小时即可。

操作要领

牛肉浮沫里有许多脏东西，一定要尽量去除干净。

营养贴士

此菜具有增强抵抗力、降血糖、降血脂等功效。

视觉享受：★★★★ 味觉享受：★★★★ 操作难度：★★★★

蒜香 土豆烧牛肉

TIME 40分钟

菜品特点
色泽美观
蒜味酱香

➡ 主料: 卤好的牛肉250克，土豆50克

➡ 配料: 香芹15克，红椒5克，白糖、精盐、味精、胡椒粉各少许，姜末、葱花各10克，蒜末30克，料酒、酱油、水淀粉适量，植物油50克

🔄 操作步骤

①将牛肉洗净切小块；土豆洗净切成滚刀块；香芹切段；红椒切片。

②锅内放油，油四成热时放入土豆、牛肉，然后转为小火炸2分钟，待土豆表面呈金黄色时，改大火，用勺子戳一下土豆，土豆中间稍微有点硬心时，就可以把牛肉和土豆捞出控油。

③锅内留底油，放葱花、姜末、蒜末（一半）炒出香味，加清水，放酱油、料酒、精盐、味精、白糖、胡椒粉，倒入炸好的土豆和牛肉，改大火收汁，放入香芹、红椒和剩余的蒜末，用水淀粉勾芡即可。

🔷 操作要领

油炸不方便的时候，可以把油炸的步骤省略，多加点水，煮的时间长一些。

👉 营养贴士

此菜有降血脂、降血糖、利膈宽肠等功效。

➡ 主料: 牛里脊丝250克

➡ 配料: 嫩芹菜50克，郫县豆瓣酱15克，黄酒、酱油、香醋各15克，精盐、鸡粉、干辣椒面、花椒面各1克，胡椒粉0.5克，白糖20克，姜丝10克，葱丝5克，植物油25克，熟芝麻10克

🔄 操作步骤

①芹菜切丝备用。

②锅中放油烧热，将牛肉丝炒散，至煸干水分，待肉丝外表呈微焦黄色时，下郫县豆瓣酱煸炒出红油和香味，然后下入葱丝、姜丝，炒出香味，再烹入黄酒和酱油，最后依次撒入精盐和胡椒粉、干辣椒面、白糖、鸡粉、花椒面炒匀。

③放入芹菜丝，用旺火翻炒均匀。

④锅中烹入适量香醋，炒匀出锅装盘，然后撒上熟芝麻即可食用。

🔷 操作要领

煸炒时，用中小火。

👉 营养贴士

此菜有暖胃功效，为寒冬补益佳品。

视觉享受：★★★★ 味觉享受：★★★★★ 操作难度：★★★

芝麻 干煸牛肉丝

TIME 20分钟

菜品特点
鲜香麻辣
色泽油润

锅烧羊里脊

TIME 30分钟

菜品特点
香酥适口
口味炒特

➡ **主料：** 羊里脊肉 400 克

➡ **配料：** 鸡蛋、豆苗、洋葱、青椒、红椒、枸杞、面粉、葱末、姜末、精盐、胡椒粉、酱油、鸡精、料酒、香油、植物油各适量

 操作步骤

①羊肉切片，加入精盐、酱油、料酒、葱末、姜末、胡椒粉、香油，腌渍 10 分钟。

②将洋葱、青椒、红椒洗净，切小丁；豆苗洗净，入沸水中略焯，捞出沥干水分，放入盘中。

③将羊肉裹一层面粉，再沾匀鸡蛋液，放入锅中炸至变色后取出控油。

④锅中留底油，放入葱末、姜末、洋葱丁、青椒丁、红椒丁爆香，然后加入枸杞、料酒、鸡精、精盐、

胡椒粉和少许水，放入羊肉翻炒均匀，淋香油出锅，盛在豆苗上即可。

操作要领

最后翻炒时，火要旺，油要热。

营养贴士

此菜具有滋阴壮阳、补虚强体、提高人体免疫力、延年益寿和美容养颜的功效。

16

视觉享受：★★★ 味觉享受：★★★★★ 操作难度：★★

酸菜羊肉炖粉条

TIME 30 分钟

菜品特点
酸香可口
不腻不膻

> **主料：** 羊肉 250 克，土豆粉 100 克，酸菜 100 克

> **配料：** 干辣椒、葱末、姜片、五香粉、白胡椒粉、精盐、高汤各适量

🌀 操作步骤

①酸菜用清水冲洗三四遍，切成段；羊肉洗净切块；土豆粉泡发。

②锅中油热，放入葱末、姜片炒香，再放入酸菜翻炒出香味。

③把酸菜、高汤、五香粉、白胡椒粉、干辣椒和羊肉放入砂锅中，待水开后，中小火煮 15 分钟。

④放入土豆粉，中小火煮 10 分钟，加精盐即成。

🔵 操作要领

做炖菜时，最好用砂锅，味道会更好。

👉 营养贴士

此菜不仅可以增加人体热量，抵御寒冷，而且还能增加消化酶，保护胃壁。

> **主料：** 猪梅肉 500 克

> **配料：** 叉烧酱 150 克，葱、姜各 10 克，精盐 5 克，花雕酒、酱油各 10 克

🌀 操作步骤

①猪肉洗净后切成大片；葱切花；姜切片。

②将肉片用花雕酒、精盐、葱、姜和酱油腌渍 20 分钟。

③锅中放油，五成热时，转中火，放入肉片炸至变色，表面定型后捞出。

④锅中留底油，爆香腌渍肉片用的葱、姜，然后放入叉烧酱，小火慢炒，炒出香味后倒入清水，大火烧开，再放入炸好的肉片，转小火慢熬至肉片上色，最后大火收干汤汁，盛盘，撒上葱花即可。

🔵 操作要领

位于肩胛骨中心的梅肉，是猪身上最好的一块肉，有肥有瘦有筋，还最嫩，是制作叉烧的首要原料。

👉 营养贴士

此菜具有补肾养血、滋阴润燥等功效。

视觉享受：★★★★ 味觉享受：★★★★ 操作难度：★★★

港式叉烧肉

TIME 50 分钟

菜品特点
色泽红亮
肉嫩鲜香

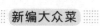

红油拌口条

视觉享受：★★★★
味觉享受：★★★★
操作难度：★★

TIME 20分钟

菜品特点
香浓绵辣
咸旺醇厚

> **主料：** 猪舌500克
> **配料：** 香油、辣椒油、酱油各10克，白糖8克，精盐、味精各5克，葱花10克

操作步骤

①把猪舌刮净舌苔，洗净。
②将猪舌放进锅中煮熟，捞出晾凉，然后切成薄片，放盘内备用。
③把辣椒油、白糖、酱油、香油、精盐、味精和葱花一起放在碗中调匀，然后浇在猪舌上，拌匀即可。

操作要领

把猪舌放在开水锅中焯一下，可以很快刮净舌苔。

营养贴士

此菜具有健脾开胃、气血双补的功效。

视觉享受：★★★★★　味觉享受：★★★★★　操作难度：★★★★★

红扒肘子

TIME 4小时

菜品特点
色泽红润
入口即化

⊃ **主料：** 猪肘 1 个

⊃ **配料：** 油菜 100 克，白糖 30 克，甜面酱、红腐乳各 10 克，老抽 30 克，植物油、料酒、陈皮、大料、花椒、小茴香、桂皮、肉蔻、香叶、精盐、葱、姜、蒜瓣、淀粉、香油各适量

操作步骤

①将肘子洗净，涂上老抽；葱切段；姜切片；油菜洗净待用。

②锅中放油，加白糖 20 克炒至棕色，倒入开水，然后把肘子和所有调料（精盐除外）放入锅中，转小火煮 2 小时。

③放精盐调味，煮至酥烂，捞出，然后将油菜在锅中焯一下，摆在盘中，再把肘子放在油菜上面。

④锅中留少许肉汤，把剩余的白糖放入，加水淀粉勾薄芡，淋点香油出锅，浇在肘子上即可。

操作要领

煮肘子时，用刀在肘子中间划开一条口子，便于入味。

营养贴士

此菜有和血脉、润肌肤等功效。

⊃ **主料：** 猪大肠 500 克

⊃ **配料：** 油菜 100 克，胡萝卜、青豆各 50 克，花生油 25 克，酱油 8 克，白糖、味精各 2 克，料酒、醋、精盐各 3 克，淀粉 10 克，葱 5 克，姜 3 克，高汤适量

操作步骤

①猪大肠洗净切段，加酱油、料酒腌渍 10 分钟。

②胡萝卜洗净切丁；葱、姜切末；青豆放入开水锅中煮 8 分钟；油菜洗净焯熟，摆入盘中；淀粉加水调成芡汁备用。

③锅内放花生油烧热，下入葱末、姜末爆出香味，然后倒入大肠煸炒，再加入酱油、精盐、料酒、白糖、醋及高汤，烧透，最后放入胡萝卜、青豆和味精翻炒几下，用水淀粉勾芡出锅，盛在油菜上面即可。

操作要领

清洗猪大肠前加些精盐和碱，可减少异味。

营养贴士

此菜具有润燥、补虚、止渴止血的功效。

视觉享受：★★★★　味觉享受：★★★★★　操作难度：★★★

傻人肥肠

TIME 30分钟

菜品特点
香味浓郁
肥而不腻

臭豆腐猪手煲

TIME 90 分钟

菜品特点
色泽红亮
香而不腻

主料： 猪手 500 克，臭豆腐 8 块

配料： 大料、桂皮各 5 克，酱油、精盐、鸡精各 5 克，味精、十三香各 3 克，姜片、蒜瓣各 5 克，辣妹子酱 15 克，干辣椒段 3 克，色拉油、白糖、高汤各适量

视觉享受：★★★★★
味觉享受：★★★★★
操作难度：★★★★

操作步骤

①将猪手刮洗干净，切成长 6 厘米、宽 5 厘米的块，焯一下。

②锅中放油，三成熟时放入白糖，用小火熬成糖色。

③另起锅放色拉油，烧至五成热时，依次放入大料、桂皮、姜片、蒜瓣、辣妹子酱煸炒出香味，然后加入高汤，再放入糖色、十三香、精盐、味精、酱油、鸡精烧开。

④将烧开的汤、猪手放入砂锅，用小火煨约 1 小时，至猪手色红肉烂，同时把臭豆腐入七成热油锅中用小火炸 3 分钟。

⑤锅里放油，至六成热时，放入蒜瓣、干辣椒炒香，然后将猪手和臭豆腐一同下锅翻炒几下即成。

操作要领

猪手处理干净，放入沸水中烫 1 分钟即可。

营养贴士

此菜具有补血、通乳、托疮生肌的功效。

视觉享受：★★★★　味觉享受：★★★★★　操作难度：★★★

红焖猪手

TIME 90分钟

菜品特点
肉质稔烂
咸鲜可口

主料：净猪手600克

配料：蒜瓣、葱各5克，精盐、白糖各10克，湿淀粉、味精、老抽各5克，花生油15克，高汤适量

操作步骤

①猪手斩成块涂上老抽；葱切花；蒜剁茸。

②锅中放花生油烧热，下猪手炸至大红色，然后加高汤，放入精盐、白糖，用中小火煨1小时至熟烂，捞起待用。

③锅内放油，加入蒜茸、葱花、精盐、白糖、味精、高汤和猪手略焖，用老抽加湿淀粉勾芡，撒上葱花即成。

操作要领

如果喜欢猪手更熟烂一些，可以多煨一段时间。

营养贴士

此菜是老人、妇女和手术、失血者的食疗佳品。

主料：猪尾1根

配料：胡萝卜100克，红酒150克，辣椒、葱花、姜末、蒜末、五香粉、老抽、味精、白糖、精盐、植物油各适量

操作步骤

①猪尾下锅煮沸后，捞起切段；胡萝卜洗净，切成滚刀块。

②锅内放油烧热，下姜末、蒜末、辣椒煸炒出香味，然后倒入猪尾，用大火翻炒一会儿，再依次放入红酒、白糖、老抽、五香粉、味精、精盐和少许水。

③汤汁煮沸后改小火，加入胡萝卜，焖20分钟左右，汤汁浓稠时撒上葱花即可出锅。

操作要领

加入红酒后不要翻炒太多，这样能更多地保留香气。

营养贴士

此菜具有改善腰酸背痛、预防骨质疏松的功效，还因其能够促进青少年骨骼发育而深受欢迎。

视觉享受：★★★★　味觉享受：★★★★★　操作难度：★★★

红酒烩猪尾

TIME 30分钟

菜品特点
猪尾软糯
养生保健

白灼猪腰

TIME 30分钟

菜品特点
清淡爽口
绿色营养

● **主料**：猪腰 400 克
● **配料**：猪肉 150 克，姜丝、葱丝各适量，酱油 20 克，淀粉 5 克，红椒 5 克，熟芝麻 5 克，生菜 50 克，花椒油、香油、白醋各适量，鸡精少许

操作步骤

①猪腰洗净去筋切片，焯后冲凉；猪肉洗净切片，加酱油、淀粉腌拌；红椒洗净切丁（留少许备用），生菜洗净，放入盘中。

②将猪肉焯水去血水备用；取一小碗，加入鸡精、花椒油、香油、白醋、酱油调成味汁。

③锅中烧水，放入猪腰、猪肉至熟，沥干，放在生菜上，撒下葱丝、姜丝、红椒丁和熟芝麻，蘸味汁食用。

视觉享受：★★★★
味觉享受：★★★★★
操作进度：★★★

操作要领

猪腰中间的白色粘附物一定要剔除干净，否则有腥味。

营养贴士

此菜具有补肾壮阳、固精益气的功效。

视觉享受：★★★★　味觉享受：★★★★　操作难度：★★★

剁椒肚片

TIME 15分钟

菜品特点
肚片香烂
咸辣可口

● **主料**：猪肚 400 克

● **配料**：剁椒、芹菜各 50 克，油炸腰果 30 克，蒜片 10 克，湿淀粉 10 克，料酒 12 克，精盐 2 克，醋 2 克，高汤 25 克，红尖椒少许，植物油 20 克

操作步骤

①猪肚切片，下入加有醋的沸水锅中焯透捞出；芹菜洗净切段，焯熟后捞出；红尖椒洗净切片。

②锅内放油烧热，下入蒜片炝香，加剁椒煸出红油，然后下入肚片、芹菜、红尖椒、料酒、精盐、高汤炒匀至熟，最后放入油炸腰果翻炒几下，用湿淀粉勾芡即成。

操作要领

猪肚放入有醋的沸水中焯一下，不仅可以很好地去除腥味，还可以将猪肚表面的黏液去掉。

营养贴士

此菜能够刺激睡液分泌，增加胃肠蠕动，帮助消化，可防治腹胀。

● **主料**：猪耳 1 只（200 克）

● **配料**：干辣椒皮 120 克，精盐、味精、花椒油、植物油各适量，蒜末、葱段、姜末各少许

操作步骤

①猪耳用火略烧后，放入温水中刮洗干净，再入锅煮熟，捞出切成薄片；干辣椒皮用温水稍泡，沥干水分切开。

②锅中放油烧热，加入蒜末、葱段、姜末爆香，倒入猪耳略炒，然后加入干辣椒皮、精盐稍炒，加少许花椒油与味精，炒匀起锅即成。

操作要领

干辣椒皮是用红椒剪去蒂，顺长切成丝，晒干制成的。

营养贴士

此菜具有补虚损、健脾胃的功效，适于气血虚损、身体瘦弱者食用。

视觉享受：★★★★　味觉享受：★★★★★　操作难度：★★

干辣椒皮炒猪耳

TIME 15分钟

菜品特点
营养丰富
下酒下饭

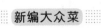

圆笼粉蒸肥肠

TIME 90分钟

菜品特点
松软鲜香
健脾开胃

主料： 猪大肠 1000 克

配料： 鲜棕叶、蒸肉粉、香辣酱、豆瓣酱、绍酒、腐乳、精盐、蚝油、姜末、蒜末、白糖、酱油、花生油、葱花、香菜各适量

视觉享受：★★★★
味觉享受：★★★★★
操作难度：★★★

操作步骤

①将大肠洗净切成块，入沸水锅中焯烫一下，捞出过凉水，沥干水分，放入碗中，加入姜末、蒜末、腐乳、绍酒、豆瓣酱、香辣酱、白糖、精盐、蚝油、酱油腌渍 15 分钟。

②将腌好的大肠拌入蒸肉粉、花生油，放入垫好棕叶的小笼内，入笼蒸 1 小时至酥烂透汁，撒上葱花、香菜即可。

操作要领

把蒸肉粉投入锅中炒至金黄色，可使其香味更浓。

营养贴士

此菜对于虚弱口渴、脱肛、痔疮、便血、便秘等症具有食疗作用。

视觉享受：★★★★★　味觉享受：★★★★★　操作难度：★★

腐乳蒸五花肉

TIME 60 分钟

菜品特点
香辣回味
耙而不腻

● **主料：** 五花肉 500 克

● **配料：** 南腐乳 3 块，蒸肉米粉 30 克，精盐、白糖各适量

🔄 操作步骤

①五花肉洗净，切成小块。

②南腐乳压碎，放入精盐和白糖调匀。

③将调好的南腐乳均匀地搅到肉里边腌渍 30 分钟，然后裹上一层蒸肉米粉上锅蒸熟即可。

🌢 操作要领

南腐乳是焖煮菜肴的佳品。

👉 营养贴士

此菜具有增进食欲、帮助消化的功效。

● **主料：** 猪五花肉 300 克

● **配料：** 炸蒜蓉 15 克，淀粉 10 克，胡椒粉 2 克，油菜心、葱末、姜末、熟芝麻、精盐、植物油各适量

🔄 操作步骤

①猪五花肉洗净加精盐，腌渍 30 分钟；油菜心洗净，切小段。

②将腌好的猪五花肉切片焯水，然后放入淀粉中拍上粉。

③锅内放油，至七成热时，将肉片放入，炸至金黄色，捞出。

④锅内留底油，爆香葱末、姜末，放入油菜心，至九成熟时加胡椒粉和肉片炒匀，再撒上炸蒜蓉、熟芝麻即成。

🌢 操作要领

腌肉时，要腌到口味合适；炸肉时，要注意火候，不要太老。

👉 营养贴士

此菜具有健脾开胃的功效。

视觉享受：★★★★★　味觉享受：★★★★★　操作难度：★★★

金蒜五花肉

TIME 50 分钟

菜品特点
鲜香脆嫩
蒜香十足

粉皮炖肉

观赏享受：★★★★
味觉享受：★★★★★
操作难度：★★★

TIME 30 分钟

菜品特点
肉质酥烂
爽口宜人

主料： 猪五花肉 500 克，粉皮 200 克

配料： 色拉油 30 克，料酒 10 克，葱、香菜各 10 克，姜 5 克，花椒 5 克，大料 3 克，精盐、白砂糖各 5 克，味精 3 克，高汤适量

操作步骤

①五花肉洗净，切大块；葱一半切成段，一半切成花；姜切片。

②锅内置油烧热，放入肉块，炒至变色，加入所有调料和高汤烧开，用小火炖至酥烂，再加入粉皮，炖至入味，装盘后，再撒入香菜、葱花即成。

操作要领

以粉皮入味熟透后汤浓稠为度，巧妙掌握好五花肉、高汤与粉皮的比例。

营养贴士

此菜具有增强食欲、补肾养血、滋阴润燥的功效。

视觉享受：★★★ 味觉享受：★★★★ 操作难度：★★

白辣椒炒肉泥

TIME 15分钟

菜品特点
简单易做
香辣可口

主料： 猪肉泥300克，白辣椒100克

配料： 红椒30克，蒜末、葱花、酱油、鸡精各适量

操作步骤

①猪肉泥中加入酱油，腌渍5分钟。

②白辣椒、红椒分别洗净，切碎。

③锅中放油烧热，放入猪肉泥翻炒至熟。

④另起锅放油，加入蒜末爆香，然后加少许酱油，倒入白辣椒、红椒翻炒，再把肉泥倒入翻炒，最后放入葱花、鸡精调味即可。

操作要领

白辣椒中含有较多盐分，所以炒制此菜不需要另外放精盐。

营养贴士

此菜具有开胃、驱寒等功效。

主料： 猪瘦肉200克

配料： 白菊15克，红枣10个，冬瓜100克，丝瓜150克，红椒50克，湿淀粉、精盐、黄酒、清汤各适量

操作步骤

①猪瘦肉切成薄片，用精盐、黄酒、湿淀粉抓匀上浆；冬瓜、丝瓜洗净，分别切条；红椒洗净，切片；红枣洗净待用。

②锅内放清汤，烧开后，放入肉片、冬瓜、丝瓜、白菊、红枣、红椒，煮约15分钟，再放入精盐调味，即成。

操作要领

煮制时间要把握好，不要过长。

营养贴士

此菜具有凉血解毒、美颜去斑的功效。

视觉享受：★★★★ 味觉享受：★★★★ 操作难度：★★

白菊肉片

TIME 30分钟

菜品特点
营养健康
清淡鲜嫩

红烧肉炖干豇豆

TIME 60分钟

菜品特点
豆角素口
汤汁浓稠

> **主料：** 肥瘦猪肉500克，干豇豆200克

> **配料：** 桂皮、香叶、大料、葱、姜、白糖、酱油、精盐、植物油各适量

观览享受：★★★★★
味范享受：★★★★★
操作难度：★★★

操作步骤

①猪肉焯水，切成小块；干豇豆用温水泡2~3个小时后，切成长段；葱洗净，葱白切段，其余切花；姜切片。

②锅里放少许油，把白糖炒出糖色，然后放入肉块翻炒，再放入葱、姜、酱油，加入开水，放桂皮、大料、香叶，开始用中小火炖。

③30分钟后把肉转移到砂锅里，加入干豇豆和精盐

继续炖，至汤汁浓稠撒上葱花即可。

操作要领

最后起锅前，用大火收汁，干豇豆和肉块都会更油亮。

营养贴士

此菜具有益气健脾、利水消肿的功效。

视觉享受：★★★★★　味觉享受：★★★★★　操作难度：★★★★

炸芝麻里脊

TIME 30分钟

菜品特点
色泽金黄
鲜嫩可口

→ **主料：** 猪里脊肉 400 克

→ **配料：** 鸡蛋 1 个，芝麻 25 克，精盐 15 克，味精 10 克，绍酒 15 克，酱油 10 克，花生油 500 克，水淀粉 10 克

操作步骤

①将猪里脊肉切成长 3.5 厘米、宽 1.5 厘米的条，加精盐、味精、绍酒、酱油腌渍入味。

②将蛋清、水淀粉搅匀成糊备用。

③锅内放花生油，用中火烧至六成热时，将肉逐条粘上蛋糊，再蘸满一层芝麻，放入油内炸透捞出，待油温升至八成热时，再将肉投入锅中，炸至呈金黄色时捞出沥油，装盘即成。

操作要领

猪里脊肉蘸上芝麻后压一下，以免芝麻脱落。

营养贴士

此菜具有补虚、滋阴、润肤及促进新陈代谢的功效。

→ **主料：** 猪里脊肉 200 克

→ **配料：** 鸡蛋 1 个，芝麻 25 克，精盐 15 克，酱油、味精各 10 克，绍酒 15 克，花生油 500 克，淀粉 10 克

操作步骤

①将里脊肉洗净，切成长 4 厘米、宽 2 厘米的薄片，加精盐、味精、绍酒拌匀，腌渍入味。

②将蛋清倒入碗内，用筷子顺一个方向连续抽打起泡沫，直到能立住筷子为止，再加干淀粉、芝麻，顺同一方向搅拌均匀，制成蛋泡糊。

③锅中放油，烧至五成热，将腌渍好的里脊肉分片粘上蛋泡糊后放入油锅中，用筷子轻轻翻动，大约 5 分钟炸熟捞出装盘。

操作要领

把握好蛋泡糊的制成效果，可使此菜色泽更美观，口味更松软。

营养贴士

此菜对缺铁性贫血者有很好的食疗作用。

视觉享受：★★★★★　味觉享受：★★★★★　操作难度：★★★

软炸里脊

TIME 30分钟

菜品特点
口味鲜香
滑嫩可口

TIME 40分钟

菜品特点
干香微辣
乡土味浓

锅仔竹笋香猪

视觉享受: ★★★★★
味觉享受: ★★★★★
操作难度: ★★★★

 **主料:** 五花肉 500 克

 **配料:** 腌青椒、腌红椒、芹菜各 30 克, 竹笋节 60 克, 炸花生米 50 克, 香辣酱 5 克, 精盐 8 克, 五香粉 5 克, 料酒 8 克, 姜片、蒜片各 5 克, 鲜山奈、花椒各 3 克, 菜子油 500 克

操作步骤

①五花肉洗净切块, 加精盐、料酒、五香粉腌渍 15 分钟; 腌青椒、腌红椒、芹菜均切段。

②锅内放菜子油, 烧至七成热时, 放入五花肉, 用小火浸炸至表皮发紧, 捞出。

③锅内留底油, 烧至七成热时, 放入姜片、蒜片、鲜山奈、花椒煸香, 然后放入香辣酱、腌青椒、腌红椒炒香, 再放入五花肉、竹笋节翻炒匀, 最后放

炸花生米、芹菜, 调味后即可出锅。

操作要领

在炒制此菜时, 一定要用小火, 才能更好地出味。

营养贴士

此菜是一种高蛋白低能量食品, 而且营养全面, 非常适宜老年人食用。

视觉享受：★★★★★ 味觉享受：★★★★★ 操作难度：★★★

蒜香盐煎肉

TIME 25 分钟

菜品特点
蒜香浓郁
肉质细嫩

主料： 猪里脊肉 300 克
配料： 蒜苔 100 克，青椒、红椒、洋葱各 30 克，蒜片、精盐、味精、酱油、白糖、辣酱、生粉、香油、腐乳汁、植物油各适量

操作步骤
①将猪里脊肉切片，加酱油、精盐、白糖、腐乳汁、生粉、香油、植物油拌匀，腌渍 10 分钟；青椒、红椒、洋葱分别洗净，均切丝；蒜苔洗净，切段。
②锅中倒少许油，下蒜片煸至金黄，然后放入肉片，翻炒变色，加少许水、辣酱炒香，再放入洋葱，加精盐、酱油、白糖、腐乳汁、味精、香油，最后放入青椒、红椒、蒜苔炒匀即可。

操作要领
根据食材的特点，注意先后炒制顺序。

营养贴士
此菜具有补肾养血、滋阴润燥的功效。

主料： 带皮五花肉 500 克
配料： 老抽、花生油、料酒、白糖、葱末、姜末、蒜末、大料、桂皮、鲜汤各适量

操作步骤
①将五花肉洗净，切成 3 厘米见方的块，用开水焯一下。
②锅内置花生油烧热，倒入肉块翻炒，呈白色时，加入老抽、料酒、白糖、葱末、姜末、蒜末、大料、桂皮，稍加翻炒，再加入适量鲜汤，用旺火煮沸，撇去浮沫，改用小火烧至熟烂，出锅即可。

操作要领
起锅前，一定要用大火收汁，让汤汁浓浓地包裹在肉块表面，口感会更好。

营养贴士
此菜具有健脾开胃、防治便秘的功效。

视觉享受：★★★★★ 味觉享受：★★★★★ 操作难度：★★★

红烧五花肉

TIME 50 分钟

菜品特点
肥瘦相间
入口即化

胡萝卜炖肉

TIME 30分钟

菜品特点
萝卜香甜
肉质软烂

> **主料：** 猪里脊肉300克，胡萝卜100克
>
> **配料：** 姜、葱、蒜、花椒粉、精盐、味精、老抽、植物油各适量

视觉享受：★★★★
味觉享受：★★★★★
操作难度：★★★

操作步骤

①猪里脊肉洗净切块；胡萝卜洗净切块；葱切段；姜切片；蒜拍扁。

②锅内放油，下肉块翻炒至变色，放入葱、姜、蒜、老抽、花椒粉，翻炒几下，然后加水，炖10分钟，加入胡萝卜，放精盐，继续炖，至熟烂，最后加味精，即可出锅。

操作要领

胡萝卜最后再加入，以免炖烂。

营养贴士

此菜具有活血、健体、明目的功效。

视觉享受 ★★★★★ 味觉享受 ★★★★★ 操作难度 ★★★★

脆炸肉丸

TIME 30分钟

菜品特点
外皮酥脆
里面嫩滑

主料: 猪五花肉 400 克

配料: 味精 5 克，干淀粉 20 克，香油 15 克，胡椒粉 1 克，植物油 120 克，面粉 125 克，豆腐 100 克，精盐、椒盐各适量

操作步骤

①将猪五花肉洗净，剁成肉泥，加入精盐、味精、胡椒粉、干淀粉、香油少许拌匀。

②将面粉、水、豆腐和剩余香油调成脆浆糊。

③将肉泥捏成丸子，每个重约 10 克，然后放入蒸笼中蒸熟。

④锅中放植物油烧热，将熟丸子挂上脆浆，下油锅炸熟即成。吃时，可撒上椒盐。

操作要领 ◀◀◀

把握好脆浆的制作，它可使此菜具有光润饱满、色泽金黄、质地疏松酥脆的特点。

营养贴士

此菜具有增加食欲、补肾养血、滋阴润燥的功效。

主料: 猪皮 500 克

配料: 盐酥花生仁 10 克，香葱 10 克，姜 5 克，胡椒粉、精盐、味精、高汤各适量

操作步骤

①香葱、姜洗净，切成碎末。

②猪皮洗净切丁，放入锅内，加高汤、胡椒粉、葱末、姜末，烧开后，改用中火，煮至猪皮熬化。

③将汤汁过滤，在净汤里加精盐、味精、去皮的盐酥花生仁晾凉，放入冰箱冷冻。

④将成形的皮冻取出，切成块状即成。

操作要领 ◀◀◀

猪皮上的肥肉一定要去净，这样才能熬出清冻。

营养贴士

此菜具有润肌肤、助发育、抗衰老的功效。

视觉享受 ★★★ 味觉享受 ★★★★ 操作难度 ★★★

花仁肉皮冻

TIME 90分钟

菜品特点
清凉香脆
鲜嫩适口

33

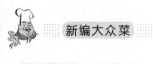

罐焖肉

TIME 60分钟

菜品特点
软糯鲜香
营养丰富

● **主料**：猪肉（肥瘦）、牛肉（肥瘦）、羊肉（后腿）各250克
● **配料**：辣椒4克，玉兰片50克，姜末、蒜各5克，精盐4克，豆瓣10克，花椒、大料各2克，味精1克，猪油25克，鲜汤适量

视觉享受：★★★★
味觉享受：★★★★★
操作难度：★★★★

操作步骤

①将猪肉、牛肉、羊肉分别洗净，切成4厘米见方的块，焯一下去血水；玉兰片水发后洗净，切块。
②锅内放猪油，下豆瓣炒香，然后放入姜末、蒜、辣椒、花椒、大料煸香，再加入鲜汤、精盐、味精烧开。
③将玉兰片和猪肉、牛肉、羊肉放入罐中，把汤汁去渣滗入罐，盖好，上笼，蒸熟即可。

● 操作要领

焖肉的时间，可以根据个人喜好而定。

☞ 营养贴士

此菜具有滋补健身、补益肠胃、抗癌、防衰老、延年益寿等功效。

视觉享受：★★★★　味觉享受：★★★★★　操作难度：★★★★

干锅 **美容兔**

TIME 45分钟

菜品特点
软糯鲜香
营养丰富

主料： 兔腿肉 250 克

配料： 芹菜、藕各100克，香料1包，山椒、灯笼椒、花椒、精盐、豆瓣酱、料酒、姜、蒜、植物油各适量

操作步骤

①兔腿肉洗净切块，放入山椒、花椒、精盐、料酒拌匀，腌渍 20 分钟；芹菜切段；藕切片；姜、蒜分别切片。
②锅中放油，至七成热后，分别炸制芹菜、藕和兔肉至九成熟。
③锅留底油，放入姜片、蒜片、豆瓣酱、花椒、灯笼椒爆出香味，然后将所有食材放进去，翻炒片刻，即可出锅装盘。

操作要领

芹菜、藕和兔肉不可一起炸，否则会出现有的生，有的糊的状况。

营养贴士

此菜具有补中益气、滋阴养颜、生津止渴的功效。

主料： 兔肉 500 克

配料： 冬笋 100 克，红枣 30 克，味精 1 克，精盐 3 克，香菜少许

操作步骤

①兔肉洗净，切块；冬笋切片；红枣洗净待用。
②把兔肉、红枣、冬笋放入炖盅，加入开水盖好盖，炖 1~2 小时，出锅前放入精盐、味精、香菜即可。

操作要领

此菜要多炖一些时间，使汤味变浓为好。

营养贴士

此菜在防治心血管疾病方面有很好的食疗作用。

视觉享受：★★★　味觉享受：★★★★★　操作难度：★★★

红枣**炖兔肉**

TIME 2小时

菜品特点
清香滑爽
养血补肾

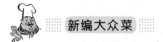

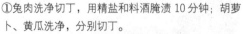

爆炒兔丁

菜品特点
肉嫩鲜香
香味醇厚

➡ **主料：**兔肉 400 克

👆 **配料：**胡萝卜、黄瓜各 100 克，精盐、料酒、花椒、豆瓣酱各适量

视觉享受：★★★★
味觉享受：★★★★
操作难度：★★

🔄 操作步骤

①兔肉洗净切丁，用精盐和料酒腌渍 10 分钟；胡萝
卜、黄瓜洗净，分别切丁。

②热锅置油烧热，放入兔肉，大火爆炒至变色，然
后放入花椒、豆瓣酱炒出香味，再放入胡萝卜、黄
瓜翻炒，最后放入精盐调味即可。

🔥 操作要领

兔肉适合急火快炒。

👉 营养贴士

此菜具有明目、补气、益胃等功效。

视觉享受：★★★★★ 味觉享受：★★★★★ 操作难度：★★

干煸兔腿

TIME 20分钟

菜品特点
干香麻辣
开胃下饭

主料： 兔腿 500 克

配料： 花椒 10 克，灯笼椒 15 克，葱、姜各 5 克，蒜 3 克，精盐 10 克，花生油 500 克，白糖 3 克，料酒 10 克，大料粉、酱油各适量

操作步骤

①兔腿洗净切块，用大料粉、料酒、精盐、白糖、酱油拌匀，腌渍 1 小时；灯笼椒切成两半；葱切段；姜、蒜剁末。

②锅内放花生油，烧至七成热时，放入腌好的兔肉，炸至深红色时捞出。

③锅内留底油，烧至四成热时下花椒、灯笼椒、葱、姜、蒜炒香，然后倒入兔肉煸炒，烹料酒，放精盐，改小火煸至兔肉水分变干，出锅装盘即成。

操作要领

花椒、灯笼椒、葱、姜、蒜要大量放，才吃得过瘾。

营养贴士

此菜具有开胃、美容、减肥的功效。

主料： 鸭血 300 克

配料： 剁椒、红椒各 50 克，葱、精盐、胡椒粉、鸡精、五香粉、绍酒、植物油各适量

操作步骤

①鸭血切块，加入精盐、胡椒粉、五香粉、绍酒腌渍 30 分钟；葱、红椒分别切成碎末。

②锅中置油烧热，放入葱末煸炒出香味，再放入红椒、剁椒炒香，加精盐、鸡精调味。

③将煸好的佐料倒在腌好的鸭血上，上蒸锅蒸 10 分钟即可出锅。

操作要领

鸭血蒸制的时间不要过长，否则会发老，影响口感。

营养贴士

此菜具有开胃、清肺的功效。

视觉享受：★★★★★ 味觉享受：★★★★ 操作难度：★★

剁椒蒸鸭血

TIME 50分钟

菜品特点
鲜嫩爽口
辣味飘香

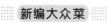

熟炒烤鸭片

菜品特点
肉质细嫩
味道醇厚

> **主料**：烤鸭肉300克
> **配料**：青椒、红柿子椒、洋葱各50克，蒜米20克，精盐、味精、植物油各适量

 操作步骤

①用小刀把烤鸭肉片下来；青椒、红柿子椒、洋葱洗净切片。

②锅内放油烧热，放入蒜米爆香，然后把鸭肉、青椒、红柿子椒和洋葱一起倒入锅中爆炒片刻，再加入精盐、味精调味即可。

 操作要领

烤鸭肉要片得厚薄均匀。

营养贴士

此菜具有消暑、抗衰老的功效。

视觉享受：★★★★ 味觉享受：★★★★ 操作难度：★★★

杜仲鹌鹑煲

TIME 3小时

菜品特点
清淡香浓
食疗佳品

主料： 猪髓 250 克，罐头莼菜 150 克，鸽蛋 10 个

配料： 鲜汤 600 克，黄酒 15 克，生抽 20 克，味精、精盐各 2 克，虾仁适量

操作步骤

①将猪髓剔净筋膜，与精盐一起放入热水锅中焯熟，捞出后切段；将鸽蛋分别磕入沸水中，做成荷包蛋；将罐头莼菜倒在碗里；虾仁放入沸水中焯熟。

②将鲜汤（400 克）煮沸，一半浇入莼菜碗中，另一半加黄酒放入猪髓段碗中，再分别滗出汤汁。

③将荷包蛋、虾仁、莼菜、猪髓摆入汤碗，然后将剩余鲜汤煮沸，加入生抽、味精调匀，浇入汤碗内即成。

操作要领

将猪髓的筋膜剔净，肉感会更嫩。

营养贴士

此菜具有清热解毒、利水消肿、滋阴补肾、填髓补髓的功效。

主料： 鹌鹑 1 只（约 500 克）

配料： 杜仲 25 克，淮山药 50 克，枸杞 15 克，红枣 10 克，姜 5 克，精盐、淡盐水各适量

操作步骤

①将鹌鹑洗净，入沸水锅中略焯，捞出，沥干水分备用；将淮山药、枸杞、红枣洗净，稍浸泡；把杜仲放入盐水中，用中小火煮至微微变色。

②将鹌鹑与以上材料全部放进砂锅内，加入清水，大火烧开后改小火煲约 2 小时，以少许精盐调味即可。

操作要领

杜仲用淡盐水煮过后，补肾效果明显。

营养贴士

此菜具有聪耳明目、补益肝肾、强壮筋骨、消除疲劳的功效。

视觉享受：★★★★ 味觉享受：★★★★ 操作难度：★★★

莼菜猪髓鸽蛋

TIME 40分钟

菜品特点
鲜而不腻
清香爽口

干锅青笋腊肉

TIME 25分钟

菜品特点
腊味醇香
青笋脆嫩

🔸 **主料:** 腊肉400克

🔹 **配料:** 青笋150克,黑木耳5克,姜5克,蒜3克,郫县豆瓣酱5克,生抽3克,料酒5克,植物油适量

视觉享受:★★★★
味觉享受:★★★★
操作难度:★★

🥢 操作步骤

①将腊肉蒸10分钟,切成薄片;青笋去老皮切片;黑木耳洗净去蒂,撕成小朵;姜、蒜切片。

②锅内放油,将腊肉煸炒片刻,滤油捞出,然后将姜片、蒜片放入锅里爆香,再加入郫县豆瓣酱炒出红油,接着将黑木耳放入翻炒,再放入青笋,并加生抽和料酒,炒熟,最后放入腊肉兜匀即可。

🍴 操作要领

腊肉蒸过后,可以去掉部分油脂和烟熏气。

👉 营养贴士

此菜含糖量少、纤维素多,尤其适合糖尿病人食用。

40

视觉享受：★★★★ 味觉享受：★★★★★ 操作难度：★★

腊肉片蒸土豆

TIME 35 分钟

菜品特点

香甜可口

> **主料：** 腊肉 100 克，土豆 100 克
> **配料：** 蒸肉米粉 50 克，鸡蛋 1 个，葱、蒜各适量

操作步骤

①腊肉、土豆分别切片；蒜切末；葱切碎。
②将腊肉片沾上蛋液，再裹上蒸肉米粉。
③将腊肉片和土豆片间隔放在盘子里，撒上蒜末，蒸约 30 分钟取出，撒上葱碎即可。

操作要领

腊肉要切薄，这样蒸熟才会有透明感；土豆片用冷水浸一会儿，以防氧化。

营养贴士

此菜对腹痛、腹泻有一定疗效。

> **主料：** 猪肉 150 克，土豆 100 克
> **配料：** 青椒、红椒各 15 克，植物油、精盐、酱油、姜末、蒜末、香菜、味精各适量

操作步骤

①将猪肉洗净焯水切片；土豆洗净切成片焯水；青椒、红椒切好备用。
②锅中置油，烧至五成热，下姜末、蒜末炒香。
③下猪肉，炒至七成熟时下土豆片、青椒、红椒，放精盐和酱油，起锅前撒上味精翻炒两下，撒上香菜即可出锅。

操作要领

土豆片一定要控干水分，炒时火要大，动作要快，这样炒出来的土豆片才好吃。

营养贴士

此菜具有抗衰老的功效。

视觉享受：★★★★ 味觉享受：★★★★ 操作难度：★★★

土豆片炒肉

TIME 20 分钟

菜品特点

味道鲜美
富含营养

肉炖芸豆粉条

TIME 20分钟

 菜品特点
芸豆鲜嫩
口味香浓

主料： 芸豆 400 克，粉条 150 克，猪五花肉 200 克

配料： 猪油 50 克，酱油 20 克，精盐 4 克，味精 3 克，葱 15 克，姜 10 克，大料 2 克，鲜汤适量

操作步骤

①猪五花肉切片；芸豆去筋，掰成段；葱切花；姜切末。

②锅内放猪油烧热，放入葱花、姜末、大料炝锅，煸炒肉片至出油，然后放入芸豆，加酱油、鲜汤、精盐烧开，再放入粉条、味精，至炖透出锅。

操作要领

做此菜时，要掌握好各种材料投放的时机和烧制的火候。

营养贴士

此菜具有促进肌肤新陈代谢的作用。

视觉享受：★★★　味觉享受：★★★★★　操作难度：★★★

清蒸镶豆腐

TIME 30分钟

菜品特点
口味鲜嫩
肉香烹烂

主料： 猪肥瘦肉200克，老豆腐400克

配料： 胡萝卜、马蹄、香菇、小白菜各50克，葱花、精盐、鸡精、胡椒粉、鲍鱼汁、酱油、香油各适量

操作步骤

①猪肉剁成泥；胡萝卜、香菇、马蹄、小白菜均切成碎丁。

②将肉泥与所有碎丁放在一起，加入精盐、鸡精、胡椒粉，搅拌均匀成馅。

③将老豆腐切成小方块，中间用小勺挖一个洞，把调好的馅放进洞内，上蒸锅蒸10分钟。

④出锅后，浇上适量鲍鱼汁、酱油、香油，撒上葱花即可。

操作要领

蒸制时间不要太长，以免影响外观及口感。

营养贴士

此菜具有益气、补虚等功效。

主料： 腊肉150克，包菜400克

配料： 干辣椒15克，植物油、精盐、姜末、蒜末、酱油、蚝油、味精各适量

操作步骤

①腊肉蒸10分钟后，切片；包菜洗净，用手撕成片；干辣椒切段。

②锅中下油，把腊肉煸炒至出油，煎至金黄，然后下姜末、蒜末、干辣椒煸炒出香味，再下包菜，转大火快速翻炒至五成熟，加精盐、酱油、蚝油翻炒至熟，撒上味精即可。

操作要领

包菜不要撕得过大，翻炒时不方便。

营养贴士

此菜有缓急止痛、养胃益脾的功效。

视觉享受：★★★★　味觉享受：★★★★★　操作难度：★★★

腊肉炒手撕包菜

TIME 20分钟

菜品特点
香鲜可口
操作简单

TIME 30分钟

菜品特点
色泽红艳
酸甜可口

糖醋香菇盅

视觉享受：★★★★
味觉享受：★★★★★
操作难度：★★★

主料： 鲜香菇400克，猪肉馅200克

配料： 胡萝卜、菠菜各50克，糖醋汁200克，水淀粉、葱末、姜末、蚝油、五香粉、白胡椒粉、料酒、精盐、糖、香油、植物油各适量

操作步骤

①香菇去蒂洗净，焯一下；胡萝卜、菠菜洗净切碎。

②猪肉馅中放入胡萝卜、菠菜碎及葱末、姜末、蚝油、五香粉、白胡椒粉、料酒、精盐、糖、香油，搅匀，做成肉丸，放在香菇上，用蒸锅蒸12分钟。

③锅中置油烧热，放入糖醋汁，烧开后用水淀粉勾芡，浇在蒸好的香菇上即成。

操作要领

猪肉馅中的配菜可以根据自己的喜好添加。在香菇上刷一点儿蛋液再放肉丸更好。

营养贴士

此菜具有健胃、生津止渴等功效。

视觉享受：★★★★　味觉享受：★★★★★　操作难度：★★★

干锅萝卜片

TIME 30分钟

菜品特点

鲜香微辣
健康美味

主料： 白萝卜400克，五花肉200克
配料： 洋葱100克，红椒50克，葱片10克，精盐、味精各5克，酱油10克，高汤20克，蚝油8克，色拉油500克，猪油50克

操作步骤

①白萝卜、五花肉分别切片；洋葱切丝；红椒切丁。
②锅中放色拉油，烧至六成热时，下白萝卜炸出香味，然后另起锅烧猪油至七成热，放入五花肉片用大火干煸出香味，下高汤、精盐、味精、酱油、蚝油翻炒均匀，放入炸好的白萝卜一起翻炒。
③起锅装入干锅，放一些猪油、红椒和葱片，即可带火上桌。

操作要领

五花肉要煸出香味，用猪油最佳。

营养贴士

此菜有健胃消食、止咳化痰、顺气利尿的功效。

主料： 鸡蛋5个，肉末250克，胡萝卜末、芹菜末各25克
配料： 精盐、胡椒粉、番茄酱各适量

操作步骤

①鸡蛋磕入碗中打散，加入肉末、胡萝卜末、芹菜末和精盐、胡椒粉拌匀。
②将拌好的鸡蛋糊放入烤箱中，烤约17分钟，至蛋液凝固即可。
③烤鸡蛋取出后，浇上番茄酱即可食用。

操作要领

烤箱调温旋钮旋至200℃。

营养贴士

此菜具有降血压、抗衰老的功效。

视觉享受：★★★★　味觉享受：★★★★★　操作难度：★★★

什锦烤鲜蛋

TIME 30分钟

菜品特点

健美营养
味道独特

干煸冬笋

TIME 20分钟

菜品特点
风味干香
回味悠长

➡ **主料：** 冬笋 400 克，肥瘦猪肉 200 克

👉 **配料：** 芽菜 50 克，精盐 3 克，白糖 10 克，味精 5 克，料酒、酱油、香油各 10 克，猪油 500 克，红椒圈少许

视觉享受 ★★★★
味觉享受 ★★★★
操作难度 ★★★

🍴 操作步骤

①将冬笋焯后，切成 4 厘米长、1 厘米宽的条；肥瘦猪肉剁成绿豆大小的颗粒。

②锅置火上，下猪油，烧至六成热时，放入冬笋炸至浅黄色捞起。

③锅内留底油，下肉粒炒至酥香，然后放入冬笋煸炒，至起皱时，烹入料酒，依次下精盐、酱油、白糖、味精，最后将芽菜入锅炒出香味，放入香油，撒上红椒圈起锅即成。

🔪 操作要领

冬笋焯一下比较好，会去除涩味。

👉 营养贴士

此菜具有开胃健脾、增强机体免疫力的功效。

46

★★★★★

美味素菜

★★★★★

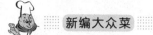

蔬菜烩豆腐

TIME 20分钟

观觉享受：★★★★
味觉享受：★★★★
操作难度：★★

菜品特点
补益清热
简单易做

● **主料：** 油炸豆腐500克
● **配料：** 胡萝卜、藕、小油菜、香菇各100克，植物油50克，精盐3克，味精5克，葱、姜各5克，高汤400克

操作步骤

①将油炸豆腐切成薄片；胡萝卜去皮，切丁；香菇洗净，切片；藕去皮，切丁；小油菜洗净，切段。
②将锅置于旺火上，放入植物油烧热，将葱末、姜末煸出香味，加入高汤、精盐、香菇、胡萝卜、藕、小油菜和油炸豆腐片，炖至小油菜和油炸豆腐片充分入味时，撒入味精即可。

 **操作要领**

因蔬菜中含有水分，因此不用放太多水。

营养贴士

此菜具有补中益气、清热润燥、生津止渴、清洁肠胃的功效。

视觉享受：★★★★★ 味觉享受：★★★★★ 操作难度：★★★

东坡豆腐

TIME 30分钟

菜品特点
质嫩色艳
鲜香味醇

⊃ **主料：**豆腐 500 克

☞ **配料：**小油菜、豆皮各 100 克，香菇 5 克，熟冬笋片 50 克，鸡蛋、葱末、姜末、面粉、精盐、植物油、高汤各适量

操作步骤

①将豆腐切成方块；面粉、鸡蛋、精盐放一起，搅拌成糊；小油菜洗净；豆皮切片；香菇泡水后切碎。

②将豆腐涂上糊，放入油锅中炸成金黄色。

③锅里留底油烧热，放入葱末、姜末爆香，然后放入小油菜、香菇、豆皮、熟冬笋片、豆腐煸炒片刻，再加高汤用小火煨焖，最后用大火收汁即成。

操作要领

炸豆腐时的油温应控制在七八成热。

营养贴士

此菜对热性体质、口臭口渴、肠胃不清、热病后调养者有很好的食疗效果。

⊃ **主料：**芦荟叶 300 克

☞ **配料：**精盐 8 克，味精、白糖各 5 克，香油、酱油各 8 克，红油 25 克

操作步骤

①将芦荟叶用开水烫过，切成柳叶片。

②将红油、白糖、酱油、精盐、味精、香油调匀，浇在芦荟上，拌匀即可。

操作要领

做此菜要把握好量，因为过多食用会导致腹泻。

营养贴士

此菜具有清凉泻火、健胃整肠的功效。

视觉享受：★★★ 味觉享受：★★★★ 操作难度：★★

红油芦荟

TIME 10分钟

菜品特点
质嫩色艳
鲜香味醇

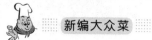

红油南瓜丝

 TIME 10分钟

视觉享受 ★ ★ ★ ★
味觉享受 ★ ★ ★ ★ ★
操作难度 ★ ★

菜品特点
酸甜微辣
营养健康

主料：南瓜 200 克
配料：红柿子椒 100 克，精盐 2 克，生抽、醋各 5 克，香油 2 克，红油 15 克

操作步骤

①南瓜洗净去皮去瓤，切丝；红柿子椒洗净去籽，切丝。
②南瓜丝焯水至断生。
③将南瓜丝、红柿子椒丝与所有调料拌匀即成。

 **操作要领**

红油的量可以根据个人的喜好增减。

 营养贴士

此菜具有润肺益气、化痰排脓的功效。

炖三菇

视觉享受：★★★　味觉享受：★★★★　操作难度：★★★

TIME 45分钟

菜品特点
香飘四溢
营养保健

主料： 水发口蘑、水发平菇、水发草菇各100克

配料： 西芹粒5克，料酒、味精、精盐、白糖、鸡油、高汤各适量

操作步骤

①将口蘑、平菇、草菇都去杂洗净，焯一下。
②将平菇、口蘑、草菇一同放入炖盅内，加入高汤、精盐、白糖、料酒、味精、鸡油，盖上盅盖，上笼蒸30分钟时取出，撒入西芹粒即成。

操作要领

炖菜时，三种蘑菇先焯一下，颜色会好看一些。

营养贴士

此菜具有滋补、降压、降脂、抗癌的功效。

主料： 鲜香菇250克

配料： 鸡蛋清50克，蒸肉粉、精盐、淀粉各适量

操作步骤

①将蛋清、蒸肉粉、精盐放在一起搅拌成糊；香菇洗净，去蒂。
②将调好的糊铺在香菇上，整齐地摆在盘中，放入蒸锅中，蒸15分钟。
③出锅后将盘中蒸出来的汤水倒在锅中，以淀粉勾薄芡浇在香菇上即成。

操作要领

因蒸肉粉、香菇有不一样的香味，所以不用再加其他调料。

营养贴士

此菜对食欲减退、少气乏力等症有较好的食疗作用。

视觉享受：★★★　味觉享受：★★★★　操作难度：★★

粉蒸香菇

TIME 20分钟

菜品特点
简单易做
味美可口

松子香蘑

TIME 30 分钟

菜品特点
香菇味美
松子仁香

视觉享受：★★★★
味觉享受：★★★★
操作难度：★★

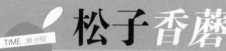

主料： 水发香菇 500 克，松子 50 克

配料： 白糖 25 克，水淀粉 15 克，精盐、味精各 4 克，葱姜油 100 克，鸡油 5 克，糖色适量，鸡汤 250 克，料酒、葱花各适量

操作步骤

①香菇去蒂洗净。

②锅中放入葱姜油烧热，把松子炸出香味，然后加入鸡汤、白糖和精盐，用糖色把汤调成金黄色，再把味精、香菇放入汤内，用小火煨 15 分钟，最后用水淀粉勾芡，淋入鸡油、撒上葱花即成。

操作要领

如果香菇较大，可以切成两半。

营养贴士

此菜具有滋阴润肺、滑肠通便的功效。

视觉享受：★★★　味觉享受：★★★★　操作难度：★★

素三丝

TIME 10分钟

菜品特点
清爽适口
简单易学

● 主料： 豆腐丝 250 克，绿豆芽 150 克，芹菜梗 100 克

● 配料： 红柿子椒 15 克，葱末、姜末、蒜末、精盐、鸡粉、白醋、水淀粉、植物油各适量

♻ 操作步骤

①将芹菜梗洗净切丝略焯，捞出过凉水至凉；红柿子椒洗净切丝。

②锅中放油烧热，放入葱末、姜末、蒜末爆香，然后放入豆腐丝、绿豆芽、芹菜丝煸炒 1 分钟，再放入红柿子椒，加精盐、鸡粉、白醋翻炒匀，最后用水淀粉勾一层薄芡即可。

♨ 操作要领 ◀◀◀

芹菜焯后过凉水，既脆又亮。

☞ 营养贴士

此菜具有舒筋通络、健脾利水的功效。

● 主料： 芽白（白菜梗）400 克

● 配料： 剁椒 30 克，葱花、精盐、植物油各适量

♻ 操作步骤

①芽白洗净切条。

②锅置火上，放入植物油，烧至七成热，放入芽白，翻炒至软。

③加入剁椒、精盐炒至汁开，撒上葱花即可。

♨ 操作要领 ◀◀◀

因为剁椒一般都比较咸，所以放进芽白翻炒以后尝一下咸淡，看是否要加精盐。

☞ 营养贴士

此菜具有退热、利小便的功效。

视觉享受：★★★　味觉享受：★★★★　操作难度：★★

剁椒芽白

TIME 10分钟

菜品特点
脆菜脆辣
开胃下饭

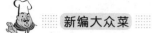

拌萝卜干

TIME 5分钟

视觉享受：★★★
味觉享受：★★★★★
操作难度：★

菜品特点
咸香脆口
消食开胃

主料： 白萝卜干（腌制好的）250克
配料： 干辣椒丝10克，花椒5克，植物油适量

❣ 操作步骤

①白萝卜干装盘待用。

②锅中放油，烧至五成热，放入花椒，再放入干辣椒丝。

③待油八成热时，连同花椒、干辣椒丝一起浇入白萝卜干中，拌匀即可。

🍶 操作要领

白萝卜干是咸的，不需要另外加精盐。

☞ 营养贴士

此菜具有降血脂、降血压、消炎、开胃、清热生津、防暑、消油腻、化痰、止咳等功效。

视觉享受：★★★★　味觉享受：★★★★　操作难度：★★

芋头萝卜菜

TIME 25 分钟

菜品特点
清菜软烂
汁浓味鲜

● **主料：** 芋头、萝卜菜各 250 克

● **配料：** 枸杞 3 克，植物油 50 克，精盐 3 克，味精、胡椒粉各 2 克，清汤适量

🥄 操作步骤

①将芋头削皮洗净，切片，放入砂钵内焖烂。

②萝卜菜摘洗干净，切成碎段，焯水。

③锅中放油，烧热后下入萝卜菜，加精盐少许炒匀，然后加入芋头、枸杞、剩余精盐、味精、清汤，烧透入味后，装入汤钵内，撒上胡椒粉即可。

🥢 操作要领 ◀◀◀

清洗芋头一定不要用手，用漏勺之类的在水底下冲洗就好，不然手会很痒。

👉 营养贴士

此菜能益脾胃，可治少食乏力等症。

● **主料：** 胡萝卜、苹果各 20 克

● **配料：** 青豆 5 克，葡萄 10 克，沙拉适量

🥄 操作步骤 ◀

①胡萝卜、苹果洗净去皮，切丁；青豆烫熟；葡萄洗净。

②将胡萝卜、苹果、青豆、葡萄用沙拉拌匀即成。

🥢 操作要领 ◀◀◀

拌沙拉的材料可以自己搭配。

👉 营养贴士

此菜具有补肝明目、清热解毒的功效。

视觉享受：★★★★★　味觉享受：★★★★★　操作难度：★★

胡萝卜沙拉

TIME 10 分钟

菜品特点
赏心悦目
营养开胃

TIME 25分钟

菜品特点
咸软适中
香甜可口

油吃胡萝卜

视觉享受: ★★★★
味觉享受: ★★★★★
操作难度: ★★

> **主料:** 胡萝卜250克，黄瓜100克
> **配料:** 精盐、鸡粉、生抽、蒜末、植物油各适量

操作步骤

①胡萝卜洗净切块；黄瓜切丁。

②锅内放油烧热，放入胡萝卜，转小火翻炒至出红油、加水、精盐、鸡粉、生抽，用中火焖至汤干，最后放入黄瓜、蒜末翻炒片刻即可。

操作要领

炒胡萝卜时一定不要加水，不然炒不出红油。

营养贴士

此菜具有减肥、美容、抗衰老的功效。

视觉享受：★★★★　味觉享受：★★★★　操作难度：★★

烧汁西葫芦

TIME 15分钟

菜品特点
酸甜爽脆
风味独特

○ **主料：** 西葫芦 300 克

○ **配料：** 干香菇 5 克，彩椒 10 克，精盐、白糖、酱油、味精、番茄沙司、蒜茸、葱段、姜末、植物油各适量

操作步骤

①将西葫芦洗净切成块，加少许精盐腌渍片刻；干香菇泡发；番茄沙司、白糖、精盐、味精、酱油和蒜茸放在一起，用水调匀。

②锅中倒油，放入香菇煸炒出味，然后加入姜末、葱段、西葫芦、彩椒翻炒，最后倒入调好的汁，用大火翻炒均匀即可。

操作要领 ◀◀◀

西葫芦不可切得太薄。

营养贴士

此菜有润泽肌肤的功效。

○ **主料：** 藕、木耳、荷兰豆、胡萝卜各适量

○ **配料：** 植物油 10 克，精盐、味精、蒜末、枸杞各适量

操作步骤

①藕、胡萝卜洗净切片；木耳泡发洗净，撕成小朵；荷兰豆洗净切段。

②将上述主料依次放入沸水中焯至五成熟捞出。

③锅中置油烧热，下蒜末爆香，然后转大火，放入上述主料，加精盐、枸杞翻炒至熟，最后撒上味精即可。

操作要领 ◀◀◀

制作过程中，不要加过多的调料，以免影响菜品的清新味道。

营养贴士

此菜有良好的保健作用。

视觉享受：★★★★　味觉享受：★★★★　操作难度：★★★

田园小炒

TIME 15分钟

菜品特点
色泽美观
清新爽口

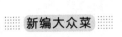

TIME 15分钟

视觉享受：★★★★
味觉享受：★★★★
操作难度：★★★

菜品特点
颜色鲜艳
口感适中

➡ **主料：** 干豆腐丝、青笋丝各100克，青椒丝、红椒丝、胡萝卜丝、白萝卜丝各50克，香菜10克

🥢 **配料：** 精盐、味精、酱油、醋、蒜泥、辣油、葱油、熟芝麻各适量

🔄 操作步骤

①将青椒丝、红椒丝、青笋丝、胡萝卜丝、白萝卜丝和香菜用清水洗净，沥干水。
②将所有材料和所有调料拌在一起入味即成。

🥄 操作要领

以上材料可以根据自己的口味酌量增减。

📋 营养贴士

此菜材料众多，营养均衡，可增强免疫力。

美味素菜

视觉享受：★★★★★ 味觉享受：★★★★ 操作难度：★★★

玉米炒蛋

TIME 15分钟

菜品特点
五颜六色
健康营养

主料： 玉米粒 150 克，鸡蛋 3 个，火腿丁 30 克，青豆 10 克，胡萝卜丁 20 克，松子仁 10 克

配料： 植物油、精盐、味精各适量

操作步骤

①将胡萝卜丁、玉米粒、青豆一起放入沸水中煮熟；鸡蛋打散。

②锅内注油，倒入蛋液，见其凝固时盛出，再放油，接着放玉米粒、胡萝卜丁、青豆、火腿丁和松子仁炒香，最后放蛋块，加精盐、味精炒匀即可。

操作要领 ◀◀◀

由于鸡蛋数量较多，烹饪时要多放些油。

营养贴士

此菜具有滋阴润燥、润肤健美的功效。

主料： 鸡蛋 5 个

配料： 泡红椒、干辣椒各 10 克，精盐 4 克，酱油 3 克，植物油 10 克，葱花、淀粉、香油各适量

操作步骤 ◀

①鸡蛋煮熟，放凉后剥壳切成片；泡红椒、干辣椒切成碎末。

②将鸡蛋片两面均粘少许淀粉，然后放入热油中，炸至表面金黄。

③锅中留底油，放入泡红椒末和干辣椒末爆炒出香味，然后放入炸好的鸡蛋，放精盐、酱油翻炒均匀，出锅前撒葱花，淋香油即可。

操作要领 ◀◀◀

炸鸡蛋时要用中小火，以免炸焦。

营养贴士

此菜具有健脾开胃的功效。

视觉享受：★★★★ 味觉享受：★★★★ 操作难度：★★★

香辣金钱蛋

TIME 25分钟

菜品特点
外焦里嫩

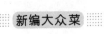

糖油炸薯片

菜品特点
香甜适口
外酥内糯

> **主料：** 白薯 600 克

> **配料：** 黑芝麻、橘饼各 30 克，白糖 50 克，花生油 75 克

视觉享受：★★★★★
味觉享受：★★★★★
操作难度：★★★

操作步骤

①白薯洗净去皮，切成约 0.5 厘米厚的片；黑芝麻用小火炒香；橘饼剁成细末。

②锅内倒花生油，烧至六成热时，放入薯片，炸至呈金黄色，捞出沥油，装入盘中。

③锅内留底油，加入白糖和适量水，用小火熬煮成糖浆，盛起淋在薯片上，撒上黑芝麻和橘饼细末，即可食用。

操作要领

如果时间充足，炒糖浆时用另外的花生油效果会好一些。

营养贴士

此菜具有抗衰老、防止动脉硬化的功效。

视觉享受：★★★ 味觉享受：★★★★ 操作难度：★★

素炒豆芽

TIME 15分钟

菜品特点
酱菜爽口
清新不腻

➡主料： 豆芽菜 500 克

👉配料： 香芹 50 克，酱油 3 克，醋 5 克，植物油、精盐、鸡精、姜、蒜、花椒各适量

🔄 操作步骤

①把豆芽菜洗净备用；香芹切成小段；姜、蒜切成末。

②把植物油烧热，放入花椒、姜、蒜煸炒一下，放入豆芽菜和香芹，用旺火快炒，八成熟时加入酱油、醋、精盐、鸡精，再快炒几下即可。

🌀 操作要领

豆芽不能炒得太烂，以免影响口感。

👉 营养贴士

此菜具有清热解毒、减肥润肤的功效。

➡主料： 甜玉米粒 100 克，盐焗腰果、黄瓜、胡萝卜各 50 克

👉配料： 姜末、精盐、蘑菇精、植物油各适量

🔄 操作步骤

①将甜玉米粒煮熟；胡萝卜洗净去皮切丁；黄瓜洗净切丁；盐焗腰果用油略炸一下。

②锅中热油，爆香姜末，先倒入胡萝卜丁炒至七八成熟后，再放入玉米粒、腰果、黄瓜丁翻炒，最后用精盐、蘑菇精调味即可。

🌀 操作要领

盐焗腰果下锅后不宜久炒，否则会炒焦。

👉 营养贴士

此菜具有补充体力、消除疲劳、润肤、抗衰老等功效。

视觉享受：★★★★ 味觉享受：★★★★★ 操作难度：★★★

腰果玉米

TIME 20分钟

菜品特点
清甜酥脆
润肤美容

花生仁拌黄瓜

视觉享受：★★★
味觉享受：★★★★★
操作难度：★★★

TIME 10分钟

菜品特点
清淡爽口
鲜香味美

➡ **主料：** 花生仁 150 克，黄瓜 100 克，油条 50 克

➡ **配料：** 白醋 15 克，花椒油、生抽各 10 克，精盐 5 克，鸡精 3 克，香油适量

操作步骤

①泡涨的花生仁放到锅中，加入适量精盐煮熟，捞出放入凉水中冲凉，沥干水分；黄瓜去蒂，洗净切丁；油条切小块。

②黄瓜丁、油条块、花生仁放入盘中，加入鸡精、白醋、香油、花椒油、生抽、适量精盐，拌匀即可。

操作要领

花生仁的红衣营养丰富，最好不要去掉。

营养贴士

花生的营养价值比粮食高，可以与鸡蛋、牛奶、肉类等一些动物性食物媲美。

视觉享受：★★★★ 味觉享受：★★★★ 操作难度：★★★

春笋炒鸡蛋

TIME 20分钟

菜品特点
笋脆鲜嫩
蛋香浓郁

● **主料：** 春笋250克，鸡蛋3个

● **配料：** 胡萝卜30克，葱粒10克，精盐、生抽、白糖、植物油各适量

操作步骤

①春笋洗净，放入沸水中汆烫2分钟，切丁；胡萝卜洗净切丁；鸡蛋打散。

②炒锅中倒油烧热，把鸡蛋倒入锅中，边倒边用筷子划成蛋絮盛出。

③锅中置油烧热，放入春笋、胡萝卜翻炒几下，然后加入炒好的鸡蛋、葱粒，加精盐、生抽和白糖拌炒均匀即可上碟。

操作要领

煸炒时，春笋、胡萝卜应先煸炒一会儿再放入炒蛋，否则炒蛋容易炒得过老，不够嫩滑好吃。

营养贴士

此菜具有帮助消化、防治便秘的功效。

● **主料：** 腐竹200克，小油菜、胡萝卜各50克

● **配料：** 剁椒、精盐、蚝油、植物油、清汤各适量

操作步骤

①用清水泡软腐竹，斜刀切成段；胡萝卜洗净切片；小油菜洗净，切段。

②锅里放油，用小火炒香剁椒，然后放入小油菜、胡萝卜翻炒片刻，再放入腐竹，加精盐、蚝油调味，继续翻炒片刻，最后加入清汤焖煮片刻即可出锅。

操作要领

最后加入清汤焖煮片刻，可以使腐竹更加入味，清汤也可用水代替。

营养贴士

此菜具有预防老年痴呆的功效。

视觉享受：★★★★ 味觉享受：★★★★★ 操作难度：★★★

剁椒腐竹

TIME 20分钟

菜品特点
油光透亮
香辣爽口

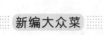

TIME 10 分钟

菜品特点
柔润滑爽
酸辣爽口

酸辣粉

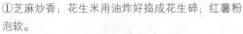 **主料:** 红薯粉 200 克

 配料: 豆瓣酱、花生米、芝麻、蒜茸、榨菜、香葱段、香菜花、高汤、花椒粉、胡椒粉、辣椒面、精盐、生抽、鸡精、老醋、香油、辣椒油、植物油各适量

操作步骤

①芝麻炒香；花生米用油炸好捣成花生碎；红薯粉泡软。

②锅内放油，爆香豆瓣酱、辣椒面、榨菜，然后倒入高汤，加精盐、花椒粉、胡椒粉、生抽、鸡精，煮沸后，加入红薯粉煮约 2 分钟后连汤倒在碗里，加入蒜茸、香葱花、香菜段、花生碎和芝麻，倒入老醋、辣椒油、淋上香油即可。

视觉享受 ★★★
味觉享受 ★★★★★
操作难度 ★★★

操作要领

如果没有高汤的话可以用清水代替，但味道会略差一些。

营养贴士

此菜具有开胃、美容的功效。

视觉享受：★★★ 味觉享受：★★★★★ 操作难度：★★

剁椒粉皮

TIME 10分钟

菜品特点
色泽透明
营养美味

主料： 粉皮（绿豆）400克

配料： 剁椒50克，葱花、葱姜酒汁、精盐、味精、香油、植物油各适量

操作步骤

①粉皮切成条状，洗净后沥干放入碗中待用。

②锅中倒入油，放入剁椒炒出红油，然后倒入粉皮碗中，加入葱姜酒汁、精盐、味精、香油、葱花拌匀即可。

操作要领 ◀◀◀

粉皮的种类根据个人喜好选择。

营养贴士

此菜具有清热解毒、润泽肌肤的功效。

主料： 莲子200克

配料： 罐头青豆25克，鲜柑橘50克，枸杞5克，冰糖300克

操作步骤

①将莲子去皮去芯，放入碗内加水150克，蒸至软烂；鲜柑橘去皮去筋络。

②锅中放入清水500克，再放入冰糖烧沸，至冰糖完全溶化，端锅离火，用筛子滤去糖渣，再将冰糖水倒回锅内，加青豆、柑橘、枸杞煮开。

③将蒸熟的莲子滗去水，盛入碗内，再将煮开的冰糖及配料一起倒入汤碗，莲子浮在上面即成。

操作要领 ◀◀◀

冰糖与水的比例为0.6∶1。

营养贴士

此菜具有降血压、健脾胃、安神、润肺清心的功效。

视觉享受：★★★★ 味觉享受：★★★★ 操作难度：★★★

冰糖湘莲

TIME 20分钟

菜品特点
莲白透红
清香宜人

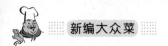

剁椒密豆

TIME 10分钟

菜品特点
色泽透亮
脆菜清香

主料: 荷兰豆 200 克
配料: 剁椒 20 克,精盐、鸡精、植物油各适量

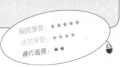
视觉享受：★★★★★
味觉享受：★★★★
操作难度：★★

操作步骤

①洗净荷兰豆,焯一下,斜切成段。
②锅内热油,放入荷兰豆翻炒片刻,然后加入剁椒,再加入精盐和鸡精翻炒,至荷兰豆熟即可。

兰豆的颜色更绿更鲜亮。

营养贴士

此菜对脾胃虚弱、小腹胀满、烦热口渴等症均有很好的食疗效果。

操作要领

焯荷兰豆的水中放点精盐和几滴植物油,可以让荷

视觉享受：★★★★ 味觉享受：★★★★ 操作难度：★★★

脆煎菜花

TIME 20分钟

菜品特点
菜质细嫩
味甘鲜美

主料： 菜花 400 克

配料： 鸡蛋清 30 克，植物油、椒盐、蒜茸、生粉各适量

操作步骤

①菜花洗净，切成小朵，沥干。

②将生粉和鸡蛋清放入碗中搅拌成糊，然后把菜花放入再次搅拌。

③锅中置油，将菜花炸至微黄色捞出控干油，然后将蒜茸入锅炸好，用密漏捞出。

④锅中留底油，下炸好的蒜蓉和菜花，加椒盐翻炒几下即可。

操作要领

鸡蛋清和生粉不要搅拌得太稀。

营养贴士

此菜有助于消化吸收。

主料： 菜花 300 克

配料： 红柿子椒 50 克，木耳 5 克，蒜末 8 克，鸡粉 10 克，香油、生抽、醋各 5 克，精盐、白糖各 5 克，植物油、水淀粉各适量

操作步骤

①菜花洗净切小朵；红柿子椒洗净切块；木耳用水发后，去蒂撕块。

②将菜花放入沸水中焯两分钟，捞出。

③锅中热油，放入蒜末炝香，然后放入菜花略炒，再放入木耳、红柿子椒，加入所有调料翻炒至熟，出锅时用水淀粉勾芡，淋入香油即可。

操作要领

菜花不要切得太碎。

营养贴士

此菜具有健脑壮骨、补脾和胃的功效。

视觉享受：★★★★ 味觉享受：★★★★ 操作难度：★★

素熘花菜

TIME 10分钟

菜品特点
肉质鲜嫩
营养美味

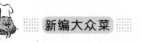

芥末拌菠菜

TIME 10分钟

菜品特点
新鲜美味
清爽可口

● **主料**：菠菜 250 克
● **配料**：精盐 5 克，白醋、香油、芥末油各适量

视觉享受：★★★★
味觉享受：★★★★
操作难度：★★

操作步骤

①菠菜择好洗净，焯水，捞出后冲凉，控去多余的水分。

②将处理好的菠菜放到碗中，加入精盐、白醋、芥末油和香油，拌匀后即可食用。

操作要领

菠菜中草酸含量较高，最好放在开水中焯 3 分钟。

营养贴士

菠菜中所含的胡萝卜素，在人体内转变成维生素 A，能维护正常视力和上皮细胞的健康。

视觉享受：★★★★　味觉享受：★★★★★　操作难度：★★★

花生粘

TIME 30分钟

菜品特点
酥脆可口
颜味浓香

主料： 花生 500 克

配料： 白糖 300 克，淀粉、清水各适量

操作步骤

①用小火炒熟花生。

②锅中放入清水和白糖，用小火熬至冒大气泡，下入花生拌炒，同时向锅内筛入淀粉。

③待锅内的糖浆凝固，花生表面挂上白霜以后即可出锅，冷却酥脆后即可食用。

操作要领 ◀◀◀

第一步炒花生的时候一定要小火，否则会造成外煳内不熟的状况。

营养贴士

此菜具有增强记忆力、抗老化、止血、预防心脑血管疾病等功效。

主料： 西红柿 500 克

配料： 鸡蛋 100 克，面粉 50 克，精盐 3 克，味精 2 克，葱丝、姜丝各 5 克，香油 2 克，香菜 8 克，植物油 50 克，鲜汤适量

操作步骤 ◀

①将西红柿洗净，切成 1 厘米厚的圆片，每片上撒上味精、精盐，每片两面均沾上一层面粉。

②将葱丝、姜丝、鲜汤、精盐、味精兑成清汁。

③锅内放植物油，加热至四成热时，将西红柿片蘸上鸡蛋液，放入锅内煎至两面呈金黄色。

④另起锅放少许植物油，把调好的清汁倒入锅内，再放入炸西红柿片用慢火塌透，最后淋香油、放上香菜盛盘即可。

操作要领 ◀◀◀

清汁提前兑好，能够更好入味。

营养贴士

此菜具有健胃消食、增进食欲的功效。

视觉享受：★★★　味觉享受：★★★★　操作难度：★★★

锅塌西红柿

TIME 30分钟

菜品特点
清香味美
营养丰富

糖醋熘番茄

TIME 30分钟

菜品特点
外酥内嫩
夏季佳品

➡ **主料:** 番茄 400 克

➡ **配料:** 干芡粉 35 克, 精盐 0.5 克, 料酒 10 克, 鸡蛋 3 个, 水芡粉 15 克, 白糖 15 克, 香油 50 克, 高汤 150 克, 面粉 50 克, 酱油 15 克, 胡椒 1 克, 植物油 500 克, 醋 10 克, 味精 1 克, 青椒丁少许

视觉享受 ★★★★
味觉享受 ★★★★
操作难度 ★★★

操作步骤

①番茄烫后去皮, 剖成 4 瓣去瓤籽, 控干水; 鸡蛋和干芡粉、面粉调成蛋糊。

②锅中放油, 烧至八成热时, 把番茄涂上蛋糊放入锅中炸成金黄色, 盛入盘。

③锅内留油 50 克, 将高汤、酱油、精盐、味精、胡椒、料酒、醋、白糖下入, 用水芡粉勾芡, 然后起锅下香油, 淋在番茄上, 撒上青椒丁即成。

操作要领

选青红相间的番茄, 便于定形。

营养贴士

此菜对于口渴、食欲不振、夜盲、近视等症均有较好的食疗效果。

视觉享受: ★★★ 味觉享受: ★★★★ 操作难度: ★★

酸菜煮豆泡

TIME 10分钟

菜品特点
汤清香郁
香辣可口

> **主料:** 豆泡 180 克,酸菜 150 克
>
> **配料:** 红辣椒 2 个,白泡椒 4 个,精盐、味精、姜末、蚝油、植物油、清汤各适量

操作步骤

①豆泡用温水泡涨;酸菜切小段;红辣椒切段。
②锅中放油烧热,下姜末、红辣椒炒香,然后加清汤,用精盐、味精、蚝油调味,再下酸菜、白泡椒、豆泡煮约 5 分钟即成。

操作要领

豆泡提前用温水泡涨,可以减少做菜时间。

营养贴士

此菜具有增进食欲、帮助消化的功效。

> **主料:** 山药 300 克
>
> **配料:** 鸡蛋 1 个,燕麦 100 克,面包屑、芝麻、白糖、植物油各适量

操作步骤

①山药洗净,上锅蒸熟。
②将蒸熟的山药去皮,压成泥,放入白糖、燕麦,团成球。
③将山药球先滚上蛋清,再裹上面包屑和芝麻。
④锅中放油,用小火将山药球炸成金黄色即可。

操作要领

山药泥中加入燕麦,既营养又可以起到粘合的作用。

营养贴士

此菜具有消津止渴、美容养颜的功效。

视觉享受: ★★★★ 味觉享受: ★★★★★ 操作难度: ★★★

香炸山药团

TIME 30分钟

菜品特点
色泽金黄
酥软香浓

砂锅山药棍

TIME 30分钟

菜品特点
口感独特
大快朵颐

🔴 **主料**：铁棍山药 400 克

👉 **配料**：柱候酱、海鲜酱各 10 克，水、蚝油、酱油、白糖、精盐、蒜片、干辣椒、泡椒、葱段、米酒、植物油各适量

视觉享受：★★★★★
味觉享受：★★★★★
操作难度：★★★

⚡ 操作步骤

①铁棍山药洗净，切段；泡椒洗净，切段。

②锅中放油，至四成热时，用中小火将山药炸至表皮起褶皱，捞出控油。

③锅留底油，下柱候酱、海鲜酱炒香，然后加水、蚝油、酱油、白糖和精盐调味，再下入山药、泡椒、干辣椒、葱段，用大火收汁。

④砂锅内铺匀蒜片，隔一层竹帘子，放入山药，焗

5分钟，淋入米酒即可。

🔥 操作要领

砂锅焗一下山药，口味更浓。

👉 营养贴士

此菜具有补气润肺的功效。

72

视觉享受：★★★★　味觉享受：★★★★　操作难度：★★

春日合菜

TIME 15分钟

菜品特点
色泽亮丽
美味可口

主料： 菠菜 100 克，绿豆芽 300 克，鸡蛋 3 个，粉丝适量

配料： 植物油 20 克，葱末、姜末各 5 克，醋、精盐、生抽各适量

操作步骤

①菠菜洗净，焯一下，切段；绿豆芽洗净，去除头尾；鸡蛋打入碗中，加一点点醋搅匀；粉丝泡发备用。

②锅中置油烧热，下鸡蛋来回搅动，炒至蛋液凝固时盛出。

③锅中热油，放入葱末、姜末炒出香味，然后放入菠菜和绿豆芽、粉丝翻炒几下，再放入炒好的鸡蛋，加精盐和生抽调味即可。

操作要领

炒鸡蛋时加入几滴醋，炒出的蛋松软味香。

营养贴士

此菜具有止渴润肠、滋阴平肝的功效。

主料： 豆腐皮 2 块，香芹梗 50 克

配料： 姜丝、精盐、酱油、花椒油各适量

操作步骤

①豆腐皮洗净切成细丝，放入清水中漂洗一下。

②把豆腐丝与姜丝、香芹梗一起装盘，用滚开水冲淋三遍，倒入精盐、酱油和花椒油即可。

操作要领

卤好的豆腐干也可做主料，把干丝切细，口感才能更美妙。

营养贴士

此菜可预防心血管疾病，保护心脏。

视觉享受：★★★　味觉享受：★★★★　操作难度：★★

烫干丝

TIME 15分钟

菜品特点
口感鲜嫩
齿颊留香

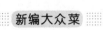

跳水杭椒

营养享受：★★★
味觉享受：★★★★
操作难度：★★

TIME 20 分钟

菜品特点
口感适中
味道鲜美

主料： 杭椒 300 克

配料： 植物油、精盐、豉油、醋、酱油、香油、味精、葱花各适量

操作步骤

①将杭椒洗净去蒂。

②锅中置植物油烧热，下杭椒炒至表面起泡如虎皮。

③放入精盐、豉油、醋、酱油、香油、味精翻炒均匀，盛出装盘，放进冰箱冷冻 5 分钟，拿出撒上葱花即可。

操作要领

杭椒炒至起泡即可，不可太过。

营养贴士

此菜能够温中散寒，可用于食欲不振等症。

糖醋泡椒

视觉享受：★★★★ 味觉享受：★★★★★ 操作难度：★★

TIME 15分钟

菜品特点
色泽红亮
酸辣可口

● **主料：** 泡红椒 300 克
● **配料：** 香葱、蒜、糖、醋、酱油、味精、油各适量

操作步骤

①将泡红椒冲洗干净，先片开，再切段；香葱洗净切段；蒜切片；糖、醋、酱油调成糖醋汁。
②锅内放油烧热，放入香葱、蒜炒出香味，然后放入泡红椒翻炒 2 分钟，再放入糖醋汁翻炒 1 分钟，加味精炒匀即可。

操作要领

泡红椒选择低盐含量的品种。

营养贴士

此菜可以使人增进食欲、促进人体血液循环、散寒驱湿。

● **主料：** 贡菜 300 克
● **配料：** 蒜1头，精盐、味精、醋、香油、酱油、白糖、辣椒油各适量

操作步骤

①将泡发的贡菜切段，用精盐揉搓挤去绿水，然后用白糖、精盐再揉搓两次，再用冷水清洗，沥干。
②将蒜剥皮，洗净捣成蒜泥，加入味精、醋、香油、酱油、精盐、辣椒油调成蒜汁，然后浇在贡菜上拌匀即成。

操作要领

贡菜在食用前要经过泡发，泡发约 8 小时。

营养贴士

此菜具有健胃、利尿、补脑、安神、解毒、减肥等功效。

视觉享受：★★★★ 味觉享受：★★★★★ 操作难度：★★

蒜泥贡菜

TIME 15分钟

菜品特点
清脆味美
爽口怡胃

 桂花蜜汁荸荠

视觉享受：★★★
味润享受：★★★★★
操作难度：★★

菜品特点
洁白熟烂
甜润爽口

● 主料：荸荠 500 克
● 配料：猪油 25 克，糖桂花 150 克

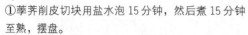 操作步骤

①荸荠削皮切块用盐水泡 15 分钟，然后煮 15 分钟
至熟，摆盘。

②锅中热猪油，倒入糖桂花至冒泡，然后将其淋在
荸荠上即成。

操作要领

荸荠用盐水泡后，可以把一些细菌或寄生虫杀死。

营养贴士

此菜具有促进生长发育、维持生理功能的功效。

视觉享受：★★★★ 味觉享受：★★★★★ 操作难度：★★★

素罗宋汤

TIME 50分钟

菜品特点
营养丰富
味香醇厚

主料： 胡萝卜、白萝卜、豆腐各50克，西红柿100克，青豆、青菜叶各20克

配料： 精盐、米酒、香油各适量

操作步骤

①胡萝卜、白萝卜、豆腐均切丁；西红柿切片；青菜叶洗净，备用。
②锅中加水，放入胡萝卜丁、白萝卜丁、豆腐丁、西红柿片、青豆，煮沸后放入精盐和米酒，转小火煮约40分钟，再放入青菜叶略煮，淋入香油即成。

操作要领

汤中的蔬菜可以自行增减，味道也可以自由调配。

营养贴士

此菜具有促进消化、延缓衰老、明目、减缓色斑等功效。

主料： 茭瓜400克

配料： 醋10克，精盐、白糖各3克，姜丝2克，葱丝3克，蒜泥5克，红椒、香油、香菜各适量

操作步骤

①茭瓜洗净去皮，切成细丝；红椒切粒；香菜切段；将醋、姜丝、葱丝、蒜泥、香油调成碗汁。
②将茭瓜丝焯一下，沥干水分，然后用精盐、白糖拌匀，与红椒、香菜一起盛入盘内。
③将碗汁浇入盘内，吃时拌匀即可。

操作要领

茭瓜要选择比较嫩的才好吃。

营养贴士

此菜具有清热利尿、除烦止渴、润肺止咳、消肿散结等功效。

视觉享受：★★★ 味觉享受：★★★★ 操作难度：★★★

蒜泥拌茭瓜丝

TIME 15分钟

菜品特点
清新爽口
营养美味

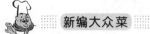

 剁椒酸辣包菜

视觉享受：★★★
味觉享受：★★★★
操作难度：★★★

TIME 10分钟

 菜品特点
清脆酸辣
操作简便

● 主料：包菜300克

● 配料：剁椒、蒜、干辣椒、酱油、醋、味精、植物油各适量

操作步骤

①将包菜用手撕成大块儿，洗净沥干；干辣椒切段；蒜切片。

②锅中热油，放入干辣椒、蒜片和剁椒，用中小火炒出香味，然后放入包菜，急火快炒，最后出锅前加入酱油、醋、味精翻炒片刻即可。

操作要领 ◀◀◀

包菜中间的筋不要用，不然会影响口感。

营养贴士

此菜具有缓急止痛、养胃益脾的功效。

糖醋*海带*

TIME 30分钟

菜品特点
脆嫩爽口
甜酸味香

主料： 鲜海带 500 克

配料： 胡萝卜、水发木耳、小油菜各10克，鸡蛋1个、花椒油、白糖、醋、酱油、精盐、味精、胡椒粉、料酒、面粉、水淀粉、葱末、姜末、植物油、鲜汤各适量

操作步骤

①将海带洗净，切成长方片与精盐、胡椒粉、味精、料酒拌和均匀，腌渍5分钟；胡萝卜洗净去皮切片；小油菜洗净切段；水发木耳去蒂，撒成小块。

②锅中放油，烧至七八成热时，将海带片两面拍上面粉，蘸上蛋清后，下锅炸成金黄色，捞出装盘。

③锅中留底油，下葱末、姜末炝锅，然后放入胡萝卜、小油菜、木耳翻炒几下，加入料酒、酱油、醋、白糖、鲜汤、精盐、味精调味，汤沸时，用水淀粉勾芡，淋入花椒油，浇在海带上即成。

操作要领

炸好的海带也可以和第三步中的食材同炒。

营养贴士

此菜具有美容、抗衰老的作用。

主料： 大头菜 400 克

配料： 红椒、姜、味噌、蘑菇精、植物油各适量

操作步骤

①大头菜洗净切段，焯水，沥干；红椒洗净，切圈；姜切末。

②锅中放油，将红椒、姜末煸香，然后放入味噌、大头菜翻炒煸透，再加蘑菇精炒匀即可。

操作要领

喜欢吃嫩，就选择大头菜上面的叶子；喜欢吃脆，就选择根部。

营养贴士

此菜具有保护心脑血管的功效。

味噌*大头菜*

TIME 10分钟

菜品特点
一菜两吃
脆嫩适中

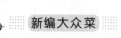

豉香土豆

TIME 10分钟

视觉享受：★★★★
味觉享受：★★★
操作难度：★★

菜品特点
口感绵密
消食开胃

➡ 主料：土豆250克

☞ 配料：豆豉酱20克，姜汁、葱花各15克，植物油、干辣椒段各适量，醋、生抽各15克，精盐5克，鸡精3克

操作步骤

①土豆去皮洗净，切滚刀块，浸泡在清水中。

②锅中烧开水，下入土豆焯水至熟，捞出过凉水，沥干水分，放入碗中。

③另取锅加少许植物油，油热后加入豆豉酱、干辣椒段、精盐、鸡精，炒出香味后关火，倒入土豆中，调入姜汁、葱花、醋、生抽，拌匀即可。

操作要领

土豆块最好切得小一点，否则不容易焯熟。

营养贴士

土豆中的蛋白质比大豆还好，最接近动物蛋白。土豆还含丰富的赖氨酸和色氨酸，这是一般蔬菜所不可比拟的。

视觉享受：★★★★★ 味觉享受：★★★★★ 操作难度：★★

炒辣味丝瓜

TIME 10分钟

菜品特点
香辣可口
营养健康

主料：丝瓜 400 克，红辣椒 100 克

配料：猪油 50 克，姜丝、葱、料酒、精盐、高汤、味精各适量

操作步骤

①将嫩丝瓜去皮，洗净，切薄片。

②红辣椒去蒂、去籽，洗净，切成菱形片；将葱切段；姜切丝。

③锅放旺火上，下入猪油，油热时先后将葱段、姜丝、红辣椒一起炝锅，炸出香味，下入丝瓜片翻炒片刻即放入精盐、料酒、味精和高汤各少许，将菜翻炒均匀，出锅盛盘食用。

操作要领

鉴于辣椒的特性，清洗时注意保护皮肤。

营养贴士

丝瓜有清凉、利尿、活血、通经、解毒之效，还有抗过敏、美容之效。

主料：菠菜 400 克

配料：葱丝、姜丝各 5 克，植物油 20 克，酱油 10 克，精盐 3 克，料酒 15 克，味精 2 克，干辣椒 5 克

操作步骤

①将菠菜洗净，根部用刀劈开，然后切成 3 厘米长的段，用沸水稍烫一下，捞出，沥开水分；干辣椒切段。

②炒锅上火，注入植物油烧至七成热时，用葱丝、姜丝和干辣椒炝锅，然后倒入菠菜，加入酱油、精盐、料酒、味精，翻炒均匀出锅即成。

操作要领

菠菜要选嫩的，稍微焯一下，就马上盛出。

营养贴士

此菜具有益气补血的功效。

视觉享受：★★★ 味觉享受：★★★★ 操作难度：★★

清炒菠菜

TIME 10分钟

菜品特点
清淡可口
绿色营养

TIME 15分钟

杭椒炒藕丁

视觉享受：★★★★★
味蕾享受：★★★★★
操作难度：★★

菜品特点
味道鲜美
色泽鲜艳

主料： 莲藕 400 克，青杭椒、红辣椒各 75 克

配料： 食用油 75 克，精盐、味精、生抽、胡椒粉、鸡精各适量

操作步骤

①莲藕去皮切丁，用清水洗两遍；青杭椒、红辣椒椒切成小圆圈。

②热锅凉油，先炒杭椒，五成熟后加生抽提味，然后放入红辣椒、藕丁和精盐，翻炒 3 分钟后加入味精、胡椒粉、鸡精调味，至熟出锅即可。

操作要领

莲藕切成丁后一定要再洗两遍去泥沙。

营养贴士

莲藕具有清热生津、凉血止血等功效。

视觉享受：★★★★ 味觉享受：★★★ 操作难度：★★

柠汁青瓜

TIME 10分钟

菜品特点
色泽清新
酸爽开胃

> **主料：** 青瓜 200 克
> **配料：** 柠檬汁、鲜柠檬片各适量，白糖 15 克，白醋 10 克，精盐 3 克

操作步骤
①新鲜的青瓜洗净去皮，切去尾部，切成长条。
②将青瓜条放入盆中，加入精盐、白糖、白醋、柠檬汁、鲜柠檬片，再加入凉开水，泡制 2 小时或放入冰箱冰镇半小时。

操作要领
可用蜂蜜代替白糖，这样吃起来更营养、健康。

营养贴士
青瓜中含有丰富的维生素 E，可起到延年益寿、抗衰老的作用；青瓜中的青瓜酶，有很强的生物活性，能有效地促进机体的新陈代谢。

> **主料：** 长茄子 300 克
> **配料：** 青椒、红椒、香菜各 30 克，白醋 15 克，白糖 10 克，精盐 5 克，鸡精 3 克，蒜末适量

操作步骤
①茄子洗净，顺着茄子划成条，保持尾部相连。
②蒸锅烧开水，放入茄子蒸 15 分钟，取出晾凉，控干水分。
③香菜去叶留梗，青椒、红椒洗净，全部切成粒，一起放入小碗中，加入精盐、鸡精、白糖、白醋、蒜末拌匀。
④茄子晾凉放入碗中，淋入调好的汁拌匀，腌渍 1 小时后即可食用。

操作要领
茄子的蒂最好不要去除，这样营养更加全面。

营养贴士
茄子皮富含多种维生素，能够保护血管。常食茄子，可使血液中的胆固醇含量不致增高。

视觉享受：★★★ 味觉享受：★★★ 操作难度：★★

腌茄子

TIME 90分钟

菜品特点
酸甜清爽
爽软适口

豆腐酿青椒

TIME 15 分钟

菜品特点
味美可口
嫩滑清脆

主料: 豆腐 300 克,青椒 2 个

配料: 精盐 5 克,鸡精 3 克,姜末、葱花、胡椒粉各适量

操作步骤

①豆腐冲洗干净,沥干水分,放入碗中压碎,加姜末、精盐和鸡精,搅拌均匀。

②青椒洗净,对半切开,去籽。

③将豆腐馅塞入青椒中,压平,撒上胡椒粉、葱花,上锅蒸 10 分钟,晾凉即可食用。

操作要领

蒸制的时间不可过长,否则不仅会造成营养流失,

视觉享受:★★★
味觉享受:★★★★
操作难度:★★

还会影响菜品美观。

营养贴士

豆腐含有丰富的营养物质及多种微量元素,还含有糖类、植物油和丰富的优质蛋白,素有"植物肉"之美称,经常食用可以增加营养、帮助消化、增进食欲。

视觉享受：★★★★★ 味觉享受：★★★★★ 操作难度：★★

苦瓜煎蛋

TIME 10分钟

菜品特点

色泽金黄

⊙ **主料:** 苦瓜 250 克，鸡蛋 4 个

⊙ **配料:** 食用油 100 克，精盐、味精、胡椒粉、鸡精各适量

🥢 操作步骤

①把苦瓜对半切开后去掉瓤，切成薄片，焯熟；鸡蛋打散。

②苦瓜放入鸡蛋液中，加精盐、味精、胡椒粉、鸡精调味，拌匀，然后倒入热油锅中，摊平，煎至两面变黄，出锅，切菱形块，摆入盘中即成。

🥄 操作要领 ◀◀◀

苦瓜内瓤务必去尽。

👉 营养贴士

此菜具有降血糖、血脂、抗炎等功效。

⊙ **主料:** 苦瓜 300 克

⊙ **配料:** 干辣椒段 15 克，香醋 15 克，白糖 10 克，鸡精 3 克，植物油、精盐、香油各适量

🥢 操作步骤

①苦瓜洗净，对半剖开，去除瓤、籽，切成长条，放入加有少许精盐的清水中浸泡。

②苦瓜放入沸水中焯水至断生，捞出过凉水，沥干水分，放入碗中，加入白糖、鸡精、精盐。

③锅中放入植物油，以中小火烧热，放入干辣椒段爆出香味，浇到苦瓜上，再调入香醋、香油拌匀即可。

🥄 操作要领 ◀◀◀

苦瓜放在盐水中浸泡一会儿能够减少苦涩口感，提升脆感。

👉 营养贴士

苦瓜是一种药食两用的食疗佳品，尤其对糖尿病的治疗效果不错，所以苦瓜也有"植物胰岛素"的美誉。

视觉享受：★★★ 味觉享受：★★★ 操作难度：★★

清拌苦瓜

TIME 10分钟

菜品特点

清爽爽口
苦中回香

芥末拌生菜

TIME 10分钟

菜品特点
香辣爽口
瘦身减肥

● 主料：奶油生菜 200 克

● 配料：樱桃番茄 50 克，熟白芝麻 25 克，花生碎 15 克，芥末粉 10 克，白醋 15 克，白糖 5 克，精盐、鸡精各 3 克

操作步骤

①奶油生菜掰开洗净，切成段；樱桃番茄洗净，切片。
②芥末粉放在小碗内，加少许沸水浸泡，随后把花生碎、白醋、白糖、精盐、鸡精倒入小碗内，拌匀。
③生菜、樱桃番茄放在盘内，把调好的汁浇在上面，撒入熟白芝麻即可食用。

操作要领

在制作时也可以用手撕生菜，这样更容易保持生菜的口感，锁住营养。

营养贴士

生菜营养丰富，还具有清热安神、清肝利胆、养胃的功效。

视觉享受：★★★　味觉享受：★★★　操作难度：★★

香菇拌蕨菜

TIME 10分钟

菜品特点

清脆细嫩
润滑无筋

主料： 蕨菜 200 克，鲜香菇 100 克

配料： 胡萝卜 50 克，精盐 5 克，鸡精 5 克，花椒油、生抽、醋各适量

操作步骤

①鲜香菇去蒂洗净，切片；蕨菜洗净，切段；胡萝卜洗净，切丁。

②鲜香菇、蕨菜、胡萝卜分别焯水至断生，捞出过凉水，控干水分，加精盐、鸡精、花椒油、生抽、醋拌匀即可。

操作要领

香菇的正确清洗方法：用几根筷子或手在水中朝一个方向搅动，以清除香菇表面及菌褶部的泥沙。但要注意不要正反方向同时搅动，否则沙粒会被重新卷入到菌褶中。

营养贴士

此菜具有清热利湿、止血、降气化痰的功效。

主料： 南瓜 300 克

配料： 红椒 30 克，豆豉酱 20 克，辣椒油 10 克，白醋 15 克，精盐 5 克，香油、鸡精各 3 克，蒜末、姜末、葱花、植物油各适量

操作步骤

①南瓜去皮，洗净后切成长 5 厘米、宽 1 厘米的条；红椒洗净切粒。

②锅中烧开水，放入南瓜焯水至断生，捞出过凉水，沥干水分。

③锅中放植物油烧热，加入豆豉酱、红椒粒、蒜末、姜末、葱花炒出香味，浇在南瓜上，再调入剩余调料即可。

操作要领

南瓜焯水的时间太长，会变得软糯，影响口感，所以焯水时间应尽量短。

营养贴士

南瓜含有淀粉、蛋白质、胡萝卜素、维生素 B、维生素 C 和钙、磷等成分，营养非常丰富。

视觉享受：★★★　味觉享受：★★★　操作难度：★

豆豉拌南瓜

TIME 10分钟

菜品特点

酸辣美味
口感香脆

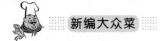

粉蒸藕片

视觉享受：★★★★★
味觉享受：★★★★★
操作难度：★★

TIME：30分钟

菜品特点
鲜嫩爽口

● **主料：** 莲藕400克，熟大米饭1碗
● **配料：** 姜末、辣豆瓣酱、酱油、五香粉、胡椒粉各适量

操作步骤

①熟大米饭包上保鲜膜放进冰箱冷冻一晚上后，拿出敲碎；莲藕切成薄片。

②将藕片与姜末、辣豆瓣酱、酱油、胡椒粉、五香粉放在一个碗里，搅拌在一起，腌渍15分钟，然后倒入敲碎的米饭拌匀。

③将沾有米饭的藕片码在盘子上，放入蒸锅。用大火焖蒸10~15分钟即可。

操作要领

米饭一定要冻成硬质颗粒后再敲碎。

营养贴士

此菜具有调阴养颜的作用。

新编 大众菜

新鲜水产

家常烧鲤鱼

TIME 30分钟

菜品特点
肉质鲜嫩
营养丰富

● **主料：** 鲤鱼 400 克

● **配料：** 葱花、姜末、蒜末各 10 克，花椒 3 克，醋 5 克，料酒、酱油、香油各 10 克，精盐 4 克，白糖 5 克，花生油 20 克，清汤适量

视觉享受：★★★★
味觉享受：★★★★
操作难度：★★★

操作步骤

①鲤鱼去鳞，去内脏，洗净，两面划上几刀。

②热锅放花生油，入葱花、姜末、蒜末、花椒炝锅，然后放入鲤鱼两面煎一下，加清汤，加其他调料调味，急火烧开，慢火煨透。

③汤汁变浓时，将鱼翻身，急火烧至汤汁将干，加剩余葱花、淋香油出锅即成。

操作要领

用火应先急后慢再急，宜长时间煨透。

营养贴士

此菜可以防治动脉硬化、冠心病。

视觉享受 ★★★★ 味觉享受 ★★★★ 操作难度 ★★★

酱焖*鲤鱼*

TIME 30 分钟

菜品特点

酱香扑鼻
咸鲜可口

● 主料: 鲤鱼 1 条

● 配料: 猪五花肉 100 克，胡萝卜 50 克，植物油 300 克，绍酒、酱油、黄豆酱、白糖、醋、精盐、味精、花椒油、葱段、姜块、水淀粉、清汤各适量

◆ 操作步骤

①将鲤鱼刮鳞去内脏，洗净，在鱼身剞斜十字花刀，抹匀黄豆酱，入油锅煎至两面金黄，倒入漏勺；猪五花肉切粒；胡萝卜切小片。

②热锅放油，用葱段、姜块炝锅，下五花肉、胡萝卜片煸炒，烹绍酒、醋、酱油、白糖、精盐，然后添清汤烧开，下鱼，转小火焖。

③待汤汁稠浓时，拣出葱、姜，加味精，用水淀粉勾芡，淋花椒油即可。

◆ 操作要领

热锅凉油可以防止鱼粘锅。

☞ 营养贴士

此菜具有抗衰老的功效。

● 主料: 鲤鱼 1 条

● 配料: 红酸汤、笋干、绿豆芽、酸菜丝、精盐、姜、葱、胡椒粉、鸡精各适量

◆ 操作步骤

①将鲤鱼刮鳞去内脏，洗净，切成块；笋干泡发后切条；绿豆芽洗净；葱切粒；姜切片。

②在锅中放入红酸汤，开锅后倒入笋干、姜片、绿豆芽、酸菜丝、鲤鱼块、葱粒、精盐、胡椒粉、鸡精，炖 10 分钟即可。

◆ 操作要领

酸汤种类很多，可以按个人喜好选择。

☞ 营养贴士

此菜具有开胃健脾的功效。

视觉享受 ★★★★ 味觉享受 ★★★★ 操作难度 ★★★

贵州*酸汤鲤鱼*

TIME 20 分钟

菜品特点

色泽鲜红
酸香回甜

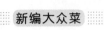

TIME 25分钟

菜品特点
鲜嫩适中
健康美味

尖椒炒鲫鱼

➡ **主料:** 鲫鱼 600 克

➡ **配料:** 熟芝麻 10 克,青辣椒、红辣椒各 10 克,干辣椒 20 克,植物油 30 克,辣椒酱 15 克,花椒粒 3 克,精盐 3 克,料酒 15 克,味精 2 克,葱 10 克,姜、蒜各 5 克

视觉享受：★★★
味觉享受：★★★★
操作难度：★★★

🌿 操作步骤

①将鲫鱼宰杀去鳞和内脏,洗净,切成块;青辣椒、红辣椒去蒂、去籽洗净切斜大圈;干辣椒切粒;姜、蒜切片;葱切花。

②将鲫鱼下入热油锅中炸至酥脆,捞出沥油。

③锅中留底油,下入干辣椒、青辣椒、红辣椒、姜片、蒜片、辣椒酱、花椒粒炒香,然后放入鱼块略炒,再加入料酒、精盐、味精炒匀,撒入葱花、熟芝麻即可。

⚡ 操作要领

炸鲫鱼的时间不要过长。

👉 营养贴士

此菜具有和中开胃、活血通络的功效。

视觉享受：★★★ 味觉享受：★★★★ 操作难度：★★★

生炒鲫鱼

TIME 25分钟

菜品特点

营养开胃

- **主料：** 鲫鱼 400 克
- **配料：** 青椒、冬笋各 25 克，水发木耳 10 克，精盐、鸡粉、料酒、生粉、葱段、姜片、湿淀粉、植物油、明油、高汤各适量

操作步骤

①将鲫鱼宰杀处理好，洗净沥干，连骨片成约 2.5 厘米的瓦块形；青椒洗净切丝；冬笋切片。
②将鲫鱼片加入少许精盐、鸡粉、葱段、姜片、料酒腌渍片刻，然后用湿淀粉上浆。
③锅中放油烧至五成热，下入浆好的鱼片滑油。
④锅留底油，放入葱段、姜末、青椒煸炒，然后加入高汤、鸡粉、精盐、木耳、冬笋煮沸，用生粉勾芡，倒入鲫鱼，淋入明油翻炒即可。

操作要领

滑油温度控制在四五成热，否则会脱浆或将鱼肉炸老。

营养贴士

此菜具有补脾开胃、利水除湿的功效。

- **主料：** 鲫鱼 400 克、黑木耳适量
- **配料：** 精盐、植物油、蒸鱼豉油、姜片、葱花、葱段各适量

操作步骤

①将鲫鱼宰杀洗净，抹上少许精盐，将姜片、葱段塞入鱼肚子，放入餐碟，淋上植物油，加入少许温水，合盖放入微波炉，用中高温火加热 3 分钟后取出。
②黑木耳用温开水泡开后，挤干水分，加入适量的精盐、油拌匀。
③在鱼身上放入黑木耳、葱花、蒸鱼豉油，再加入少许温水、植物油，放进蒸笼蒸熟即可。

操作要领

鲫鱼每条不可少于 200 克，否则刺多肉少。

营养贴士

此菜含有丰富的蛋白质，且脂肪含量低，很适合肥胖者和老年体弱者食用。

视觉享受：★★★ 味觉享受：★★★★ 操作难度：★★★

黑木耳蒸鲫鱼

TIME 25分钟

菜品特点

鲜嫩可口
营养丰富

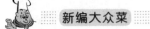

鲫鱼炖鸡蛋

TIME 30分钟

视觉享受：★★★★
味觉享受：★★★★
操作难度：★★★

菜品特点
鲜了又鲜
爱物不腻

- **主料：** 小鲫鱼1条
- **配料：** 鸡蛋2个，姜片10克，精盐、葱花、植物油、料酒各适量

操作步骤

①将鱼洗净沥干；鸡蛋打散。

②热锅放油，入姜片爆香，然后放入小鲫鱼，煎至两面焦黄，再加入水、料酒，炖至汤汁浓白，加精盐调味。

③将炖好的鲫鱼汤装碗，加适量凉开水调温，加入蛋液打匀，再放入鲫鱼。

④用保鲜膜包裹碗口，加盖碟子后，入沸水锅蒸10分钟，再关火焖一会儿，去碟子、保鲜膜，撒入葱花即可。

 操作要领

一定要盖保鲜膜和碟子，这样可以蒸出完美蛋羹。

营养贴士

此菜具有补胃开胃的功效。

视觉享受：★★★★ | 味觉享受：★★★★★ | 操作难度：★★★

醋喷鲫鱼

TIME 30分钟

菜品特点
酸甜可口
香酥焦脆

主料： 鲫鱼 500 克

配料： 洋葱 50 克，陈醋、白糖、生抽、精盐、味精、植物油、葱末、葱花、姜末、干辣椒各适量

操作步骤

①将鲫鱼去净内脏及腮，洗净沥干，切块；干辣椒切碎；洋葱洗净切小丁。

②锅中放油，烧至八成热，放入鲫鱼，炸熟捞出。

③锅中留底油烧热，用葱末、姜末、干辣椒爆锅，入洋葱翻炒片刻，然后加入白糖、生抽、精盐、味精，放入炸好的鲫鱼炒匀，再淋些醋，撒上葱花即可。

操作要领

切鱼时应将鱼皮朝下，刀口斜入，最好顺着鱼刺方向，这样切起来更干净利落。此菜鱼鳞不去，炸时油温要高，并炸焦熟。

营养贴士

此菜具有健脾、开胃、益气、利水、通乳、除湿的功效。

主料： 鲫鱼 1 条，海虾（净）10 只

配料： 酒酿、豆瓣酱、酱油、泡椒、绍酒、湿淀粉、葱花、姜末、白糖、花生油、味精、醋、植物油、猪油、香油各适量

操作步骤

①将鲫鱼宰杀去鳞、鳃、内脏，洗净，在其两面斜划几刀，并涂抹酱油；泡椒切末。

②热锅下植物油，烧至八成热时，将鲫鱼放入，煎至两面呈金黄色。

③锅留底油，下葱花、姜末、泡椒炒出香味，然后加豆瓣酱，煸炒出红油，再放进酒酿炒散，加绍酒、白糖，同时放入海虾和鲫鱼，用小火焖烧五六分钟。

④下湿淀粉勾芡，旺火收汁，加入味精、葱花，浇上烧热的猪油，再淋少许醋和香油摆盘即成。

操作要领

因有酒酿、豆瓣酱，容易粘锅，所以在小火焖烧、大火收汁时需格外注意。

营养贴士

此菜具有益气健脾、利尿消肿、清热解毒的功效。

视觉享受：★★★★★ | 味觉享受：★★★★★ | 操作难度：★★★

干烧海虾鲫鱼

TIME 30分钟

菜品特点
肉质细嫩

TIME 30分钟

菜品特点
酱香入味
甜嫩爽口

🔵 **主料:** 带鱼 300 克

🔵 **配料:** 西红柿、鸡蛋、葱花、醋、生粉、姜末、料酒、白糖、精盐、植物油、酱油各适量

视觉享受: ★★★★★
味觉享受: ★★★★★
操作难度: ★★★

🌀 操作步骤

①将带鱼洗净切成段，用料酒、精盐、植物油、酱油、姜末腌渍 15 分钟；西红柿洗净切块待用。

②将腌好的带鱼取出，打入鸡蛋，搅拌均匀。

③锅里放油，烧至六成热时，将带鱼每块沾上生粉，然后放入锅中炸成金黄色，装盘。

④锅中留底油，放入西红柿和料酒、白糖、精盐、酱油、醋，炒成酱泥，然后下带鱼，盖上锅盖，焖

一会儿，等汁水收尽时，起锅，撒上葱花即可。

🔵 操作要领 ◀◀◀

焖煮带鱼时注意用小火，以免煳锅。

🔵 营养贴士

此菜有补脾、养肝、润肤、健美的功效。

视觉享受：★★★★ 味觉享受：★★★★ 操作难度：★★★

泡汁带鱼

TIME 50分钟

菜品特点
辣中爽口
回味无穷

🔴 **主料：** 带鱼 200 克

🔴 **配料：** 葱段、姜片、精盐、鸡精、淀粉、泡汁、
植物油各适量

🍃 操作步骤

①将带鱼洗净，在两面剞上一排平行的花刀，切段，
然后用精盐、鸡精、葱段、姜片腌 10 分钟，再拍淀
粉备用。

②锅中放油，烧至五成热时，放入带鱼，炸至金
黄色，捞出沥净油，然后投入泡汁中，浸泡 30 分钟
即可。

🔵 操作要领 ◀◀◀

腌鱼时少放或不放酱油，可使鱼炸透而不焦。

☞ 营养贴士

此菜具有开胃、补虚、解毒的功效。

🔴 **主料：** 海参（水浸）600 克

🔴 **配料：** 猪肥瘦肉 75 克，山药 50 克，味精、
鸡粉各 3 克，胡椒粉 2 克，湿淀粉 10 克，姜
5 克，香菜、葱各 10 克，香油、生抽各 10 克，
葱油、高汤各适量

🍃 操作步骤 ◀◀

①海参去泥沙，洗净，然后用开水汆透，控干水分；
猪肥瘦肉切成丁；山药洗净，切丁，汆熟；香菜切段；
葱、姜均切末。

②锅内放葱油，将猪肉煸炒至变色，加葱末、姜末
和生抽炒匀，然后加少许高汤、胡椒粉、味精、
鸡粉、葱油调味，倒入海参，用慢火煨透，最后加入
山药丁，用湿淀粉勾芡，加香油及香菜段翻匀出锅。

🔵 操作要领 ◀◀◀

五花肉要肥瘦对半，肉末慢炒至变色，海参加汤慢
火煨透。

☞ 营养贴士

此菜有助于人体生长发育，能够延缓肌肉衰老，增强
机体的免疫力。

视觉享受：★★★★★ 味觉享受：★★★★★ 操作难度：★★★

肉末海参

TIME 50分钟

菜品特点
质鲜适中
营养丰富

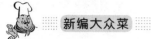

剁椒腐竹蒸带鱼

TIME 100 分钟

菜品特点
色泽艳丽
营养美味

🔵 **主料：** 带鱼 200 克，腐竹 50 克
🔵 **配料：** 剁椒酱 20 克，精盐 3 克，料酒 2 克，姜丝 2 克

视觉享受：★★★★
味觉享受：★★★★
操作难度：★★★

🥢 操作步骤

①将带鱼洗净切段，然后加料酒、姜丝、精盐腌 60 分钟；腐竹洗净，用温水泡发 20 分钟，切段。

②将腐竹码在盘底，上面放入剁椒酱，然后把带鱼排在上面，也在带鱼上面放入剁椒酱。

③将摆好带鱼、腐竹的盘放入蒸锅，蒸 10 分钟即可出锅。

🏷 操作要领

带鱼尽量选新鲜的，块越大越好。

👉 营养贴士

此菜具有健脑、补脾、暖胃、美肤的功效。

视觉享受：★★★　味觉享受：★★★★　操作难度：★★★★

酸菜鱼

TIME 30分钟

菜品特点

鲜嫩爽口
开胃健脾

⊃主料： 鲤鱼1条，酸菜250克

⊃配料： 鸡蛋1个，混合油40克，汤1000克，精盐4克，味精3克，胡椒面4克，料酒15克，泡辣椒末25克，花椒5克，干辣椒15克，姜片3克，蒜瓣7克

操作步骤

①将鲤鱼宰杀去鳞、鳃、内脏洗净，从鱼头至鱼尾劈开，取下两扇鱼肉，然后将鱼肉斜刀片成0.3厘米厚的鱼片，加入精盐、料酒、味精、鸡蛋清拌匀；酸菜洗净切段。
②锅中置油烧热，下入花椒、姜片、蒜瓣炸出香味，然后下酸菜煸炒出味，加汤烧沸，再下鱼头、鱼骨，用大火熬煮，撇去汤面浮沫，加入料酒、精盐、胡椒面，待汤汁熬出味后，把鱼片抖散入锅。
③另起锅入油烧热，把泡辣椒末、干辣椒炒出味后，倒入汤锅内煮2分钟，加入味精即可出锅。

操作要领

这道菜一定要选用新鲜的活鱼。

营养贴士

此菜具有暖胃和中、平降肝阳的功效。

⊃主料： 鲤鱼500克

⊃配料： 洋葱、芹菜、红椒、精盐、酱油、姜、葱、蒜瓣、黄酒、胡椒粉、香油、植物油各适量

操作步骤

①将鲤鱼去鳞、鳃和内脏洗净，切块，沥干水分，放入精盐、黄酒、胡椒粉、香油、酱油入味；葱切段；姜切片；红椒切圈；洋葱切块；芹菜切段。
②锅中置油，下蒜瓣、姜片、葱段炒出香味，然后放入芹菜略炒，再把鱼块放在上面，撒上红椒粒、芹菜叶。
③盖上锅盖，淋上香油，用中火烧8分钟，就可以点燃小炉子，把锅仔移到上面，边烧边吃了。

操作要领

干锅中的油要放得多一些。把鱼块放在菜上面不用翻炒，这样可以防止粘锅。

营养贴士

此菜具有开胃健脾、益气填精的功效。

视觉享受：★★★　味觉享受：★★★★　操作难度：★★★

干锅鱼

TIME 30分钟

菜品特点

味道鲜嫩
香气扑鼻

沸腾鱼

TIME 30 分钟

菜品特点
香辣诱人
开胃下酒

➡ **主料**：草鱼 1 条，黄豆芽 500 克
👉 **配料**：干灯笼椒、花椒粒、姜末、蒜末、葱花、植物油、精盐、味精、料酒、酱油、剁椒、生粉、白糖、鸡蛋清、胡椒粉各适量

视觉享受：★★★★
味觉享受：★★★★★
操作难度：★★★★

⚡ 操作步骤

①将草鱼宰杀洗净，剁下头、尾，将鱼肉两面片成片，并把剩下的鱼排剁成段，将鱼片用少许精盐、料酒、生粉和鸡蛋清抓匀，腌 15 分钟。

②将黄豆芽洗净，焯一下，捞入容器中，撒一点精盐备用。

③锅中放平常炒菜三倍的油，油热后，放入剁椒爆香，加姜末、蒜末、葱花、花椒粒及干灯笼椒，用中小火煸炒出味，然后加水，放入鱼头、鱼尾及鱼排，加料酒、酱油、胡椒粉、白糖、精盐和味精调味，用大火烧开，放入鱼片，3~5 分钟后关火，把煮好

的鱼及全部汤汁倒入盛有黄豆芽的容器中。

④另起锅，倒入多些油烧热，下花椒粒及干灯笼椒，用小火慢慢炒出香味，待辣椒快变颜色时，立即关火，将它们一起倒入盛鱼的容器中，撒入葱花即可。

🖋 操作要领 ◀◀◀

鱼片要厚薄均匀，煮时断生即可，时间长了不够鲜嫩。

☞ 营养贴士

此菜具有暖胃和中、平肝祛风、治痹、截疟的功效。

视觉享受：★★★ 味觉享受：★★★★ 操作难度：★★★

干煎鱼

TIME 20分钟

菜品特点

肉质细嫩
极易消化

⇒ **主料：** 鳜鱼 500 克

⇒ **配料：** 面粉 5 克，鸡蛋 2 个，精盐、胡椒粉、孜然粉、植物油各适量

操作步骤

①将鳜鱼去鳞、鳃、鳍、内脏洗净，擦干水分，两面斜划几刀，抹精盐和胡椒粉腌 60 分钟。

②热锅下油，油六七成热后，将腌过的鱼先裹上一层面粉，再用鸡蛋挂糊下锅，煎至两面呈金黄色。

③将鱼盛出，撒上孜然粉即可。

操作要领 ◀◀◀

煎鱼时，不用过早翻动，以免破皮。

营养贴士

此菜具有补气益脾、滋阴润燥的功效。

⇒ **主料：** 鲤鱼 1 条

⇒ **配料：** 红椒、姜丝、蒜末、葱末、葱花、白糖、老抽、黄酒、生抽、花椒水、鸡精、醋、精盐、植物油各适量

操作步骤

①将鲤鱼去鳞、去内脏、去头、去尾，洗净后切块；红椒去籽切丝。

②锅中置油烧热，放姜丝、蒜末、葱末炒香，然后放入鱼块，加黄酒、生抽、花椒水，再加入醋、精盐、白糖和老抽，最后加入红椒、鸡精、葱花即可。

操作要领 ◀◀◀

花椒水的多少根据个人口味调制。

营养贴士

此菜具有除湿止泻、补脾暖胃的功效。

视觉享受：★★★ 味觉享受：★★★★ 操作难度：★★★

椒香鱼

TIME 20分钟

菜品特点

味道鲜嫩
香气扑鼻

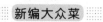

粉蒸草鱼头

TIME 40 分钟

菜品特点
肥嫩味鲜
形色俱美

🔴 **主料：** 草鱼头 2 个

🔴 **配料：** 米粉 100 克，精盐、胡椒粉、味精各 3 克，葱片 10 克，葱花、姜末各 5 克，白糖 2 克，料酒 10 克，熟猪油 50 克

视觉享受：★★★
味觉享受：★★★★
操作难度：★★★

🔄 操作步骤

①将草鱼头用精盐、葱片、姜末、料酒、白糖、味精、胡椒粉腌渍 15 分钟。

②将腌好的鱼头和米粉搅拌均匀，然后码入餐具中，淋上熟猪油，再入笼蒸 15 分钟，取出撒上葱花即可。

🥄 操作要领

蒸鱼时适量加点油，这样蒸出来的鱼更嫩滑，口感更好。

👉 营养贴士

此菜具有抗衰老、养颜的功效。

视觉享受：★★★★ 味觉享受：★★★★ 操作难度：★★★

干烧鱼头

TIME 30 分钟

菜品特点
味道鲜美
营养健康

主料： 海鱼头（鲑鱼等海鱼均可）1 个

配料： 红椒丝、葱丝、姜片、蒜米、料酒、酱油、植物油、豆瓣酱、精盐、白糖、醋、胡椒粉、水淀粉各适量

操作步骤

①鱼头洗净，对半剖开，擦干水分，用油煎至两面上色后盛出。

②锅中放油，下姜片、蒜米炒出味，倒入水，再加入所有调味料烧开，放入鱼头，改小火烧 20 分钟。

③待汤汁收干时，用水淀粉勾芡，撒上红椒丝、葱丝即可盛出。

操作要领 ◀◀◀

海鱼头肉有韧性，淡水鱼头肉较细嫩，各有特色，自行选择。

营养贴士

此菜具有健脑、延缓衰老的功效。

主料： 牛蛙 500 克（可以搭配甘薯，营养更全面）

配料： 橘子 200 克，蒸肉粉 15 克，豆瓣 25 克，精盐 5 克，姜末 10 克，味精、胡椒各 2 克，菜籽油 15 克

操作步骤

①将牛蛙宰杀后洗净，切块；红橘用刀于 1/3 处雕成齿形后取下成盖，掏出橘瓣另用。

②豆瓣剁细，加入姜末、精盐、味精、胡椒、菜籽油、蒸肉粉调匀，再放入牛蛙拌匀，上笼蒸熟。

③蒸熟后放入橘子壳内，再上笼蒸约 5~6 分钟，取出装盘，加上点缀菜叶即成。

操作要领 ◀◀◀

宜用大火快速蒸熟，以防牛蛙上水散松；牛蛙在橘壳内蒸制时间不宜长，否则橘壳会变形。

营养贴士

橘皮内含橙皮甙、柠檬酸及柠檬烯等营养素，具有防癌功效，与牛蛙合烹成菜后营养全面，合理均衡。

视觉享受：★★★★ 味觉享受：★★★★ 操作难度：★★★★

红橘粉蒸牛蛙

TIME 30 分钟

菜品特点
外形美观
风味独特

拆烩鲢鱼头

视觉享受：★★★★
味觉享受：★★★★★
操作难度：★★★

TIME 50分钟

菜品特点
鱼肉肥嫩
汤汁稠浓

主料： 鲢鱼头 500 克

配料： 油菜心、春笋各 50 克，木耳 3 克，葱段、姜片、精盐、白糖、胡椒粉、料酒、白醋、味精、水淀粉、鸡汤、熟猪油各适量

操作步骤

①鲢鱼头劈成两片，去鳃洗净；春笋洗净去皮切片；油菜心洗净待用。

②锅内加清水，放入鱼头，置旺火上烧至鱼肉离骨时，捞起拆去骨；锅内换清水，放入鱼头肉，加葱段、姜片、料酒，置旺火上烧沸，捞出。

③另起锅放油，至五成热时，放入葱段、姜片炸香，捞去葱段、姜片，放入鸡汤、料酒、精盐、白糖、笋片、鱼头肉和木耳。

④盖上锅盖，烧 10 分钟左右，放入油菜心，用水

淀粉勾芡，淋入白醋、熟猪油，撒上胡椒粉、味精即成。

操作要领

做鱼头菜一般用鲢鱼比较多，鲢鱼头大、肉多、肥嫩、味美。小雪后的雪鲢质量更佳。

营养贴士

此菜有助于增强男性性功能，对降低血脂、健脑及延缓衰老有很好的食疗效果。

视觉享受：★★★★ 味觉享受：★★★★★ 操作难度：★★★

小炒鱼

TIME 25分钟

菜品特点
外酥里嫩
醋味飘香

● **主料：** 草鱼 400 克

● **配料：** 淀粉 75 克，精盐 2 克，植物油 500 克，酱油 3 克，姜、葱、红椒各 5 克，米酒 4 克，味精 0.5 克，清汤 150 克，明油适量

操作步骤

①将鱼刮去鱼鳞，去鳃和内脏，洗净，片出鱼肉，用精盐、米酒、酱油腌 5 分钟；姜切片；葱切花；红椒洗净，去籽切碎；小碗内放入清汤、酱油、味精、淀粉和米酒调汁待用。
②锅中放油，至六成热时，将鱼块粘上淀粉下锅，炸至鱼外表略酥，内断生，捞出滤去油。
③锅中留底油，放入葱花、红椒、姜片炒出香味，加入碗汁，用水淀粉勾芡，淋明油即可出锅。

操作要领

勾芡要恰到好处，食后盘中不留芡汁。

营养贴士

此菜具有提神、美容、开胃等功效。

● **主料：** 罗非鱼 1 条

● **配料：** 肥猪肉、香菇、葱花、郫县豆瓣酱、姜、蒜、白糖、泡椒末、酱油、花生油、料酒、醋、精盐、香油、鲜汤各适量

操作步骤

①将罗非鱼去鳞，去内脏，在鱼身两面划直刀，间距 1 厘米；肥猪肉切丁；姜、蒜切末；香菇切丁。
②炒锅注入花生油烧至八成热，下入罗非鱼，炸至上色，肉熟时捞出。
③锅内留底油，下郫县豆瓣酱炒出香味，然后放入猪肉丁炒香，加入鲜汤、白糖、精盐、醋、姜末、蒜末、泡椒末、酱油、料酒和香菇丁烧开，5 分钟后，放入鱼，煮 5 分钟，翻面再煮 5 分钟，最后大火收汁，撒上葱花，淋入香油即可。

操作要领

此成品菜出锅装盘后，见油不见汤方为正宗。

营养贴士

此菜含有丰富的蛋白质，可以促进人体生长发育和新陈代谢。

视觉享受：★★★★ 味觉享受：★★★★★ 操作难度：★★★

干烧罗非鱼

TIME 20分钟

菜品特点
肉质细嫩
味道鲜美

清蒸鲜刀鱼

TIME 20分钟

菜品特点
肉嫩油润
营养丰富

▶ **主料：** 鲜刀鱼 1 条

▶ **配料：** 胡萝卜片、笋片、冬菇片各 10 克，绍酒、精盐、熟猪油、猪网油、蒸鱼豉汁、鸡清汤、葱丝、姜丝、白胡椒粉各适量

视觉享受：★★★
味觉享受：★★★★★
操作难度：★★★

🔄 操作步骤

①刀鱼去鳍、鳃和内脏，洗净，然后在沸水锅中略烫，放入盘中。

②将胡萝卜片、笋片、冬菇片排放在鱼身上，加熟猪油、绍酒、精盐、鸡清汤，再盖上猪网油，上面放上葱丝、姜丝，入笼旺火蒸熟，取出后，拣去葱丝、姜丝、猪网油，将蒸鱼豉汁加入白胡椒粉调匀，浇在鱼身上即成。

🥢 操作要领

新鲜的刀鱼，用筷子从鱼鳃两处插入鱼肚中，旋转几圈后，边转边拉，这样鱼鳃和内脏就全部被拉出来了。

👉 营养贴士

此菜具有防癌、健脑的功效。

视觉享受：★★★　味觉享受：★★★★★　操作难度：★★★

山药烧鲶鱼

TIME 25分钟

菜品特点
鲜嫩多汁
营养美味

主料： 鲶鱼400克，山药150克

配料： 鸡蛋1个，精盐、白糖、酱油、醋、味精、料酒、大料、花椒、桂皮、香叶、葱末、姜末、蒜末、香菜、植物油各适量

操作步骤

①鲶鱼洗净，放入沸水中烫去表面的黏液，切块；山药洗净去皮切条。

②锅中放油，至七成热时，将山药下锅炸至金黄色捞出，然后将鲶鱼表面沾一层鸡蛋液放入锅中，炸至金黄色盛出。

③锅中留底油，放入葱末、姜末、蒜末爆香，然后放入山药和鲶鱼，倒入热水，加大料、花椒、桂皮、香叶、料酒、醋、酱油、精盐和白糖，用小火炖至汤汁收浓，将鱼取出后装盘，将浓汤汁倒在鱼身上，撒上香菜即可。

操作要领

鲶鱼在做之前，用开水稍稍焯烫一下，不仅能去腥，表层的油脂也容易被煮出来。

营养贴士

此菜具有滋阴养血、开胃、利尿、催乳的功效。

主料： 鲜鱿鱼300克

配料： 花椒、醋、味精、精盐、白糖、酱油、香葱、姜、香油各适量

操作步骤

①将鱿鱼洗净切成长段，煮熟，捞出备用。

②将花椒、香葱、姜一起剁成细茸，再加酱油、精盐、白糖、味精、醋、香油调和成椒麻佐料，然后均匀地浇在鱿鱼上即成。

操作要领

清洗处理鱿鱼时要小心谨慎，勿将鱼眼里的墨汁弄到身上。

营养贴士

此菜有补血作用，特别对贫血的女性、闭经期和更年期的女性有非常好的食疗作用。

视觉享受：★★★　味觉享受：★★★★　操作难度：★★★

椒麻鱿鱼

TIME 15分钟

菜品特点
麻香鲜辣
朴椒烫口

TIME 10分钟

菜品特点
色泽红润
细腻嫩滑

烟熏三文鱼

🔽 **主料:** 三文鱼片（烟熏成品）400 克
👆 **配料:** 苦菊 200 克，香葱、柠檬各适量

视觉享受: ★ ★ ★
味觉享受: ★ ★ ★ ★
操作难度: ★ ★ ★

🌀 **操作步骤** ◀

①苦菊去蒂洗净待用。

②将三文鱼片分两次对折，卷成花朵状，置于餐盘中。

③在三文鱼一边挤上柠檬汁，另一边放上苦菊即可。

🔹 **操作要领** ◀◀◀

①因为个人制作烟熏三文鱼片比较困难，一般在超市购买成品。

②柠檬汁是三文鱼的最好搭档，它使三文鱼的口感更好。三文鱼还可以与生菜、土司等食材搭配着吃。

👉 **营养贴士**

此菜有助于维护大脑的中枢神经系统健康、眼健康、心理健康等功效。

视觉享受：★★★★ 味觉享受：★★★★ 操作难度：★★★

豆豉小银鱼

TIME 30分钟

菜品特点

酱之香浓 口味独特

主料：银鱼干 300 克

配料：豆豉、朝天椒、蒜、酱油、精盐、白糖、蚝油、料酒、植物油各适量

操作步骤

①银鱼干用清水浸泡 15 分钟，冲洗干净沥干水分；朝天椒切丝；蒜剁成茸。

②锅中热油，放入蒜茸和朝天椒炝锅，然后倒入银鱼干翻炒，加酱油、精盐、白糖调味，待银鱼干发白变软，加豆豉翻炒均匀，最后加蚝油、料酒翻炒均匀即可。

操作要领

银鱼干容易炒干发苦，所以炒制全程应用小火。

营养贴士

此菜有润肺止咳、善补脾胃、利水的功效。

主料：鲳鱼 500 克

配料：火腿 50 克，姜末、葱末、葱粒、料酒、蒸鱼豉油、植物油、精盐各适量

操作步骤

①鲳鱼去腮、内脏，洗净，抹精盐腌 15 分钟；火腿切丁。

②再洗净鲳鱼，在鱼身两面切十字花刀，放入盘中，将火腿丁、葱粒放在鱼身上，加料酒、蒸鱼豉油。

③把盘放入蒸锅，将鱼蒸熟取出；再在锅里放油，加姜末、葱末爆香，将热油淋到鱼身上即成。

操作要领

鱼蒸熟即可，时间过长，肉质易老。

营养贴士

此菜对消化不良、脾虚泄泻、贫血、筋骨酸痛有较好的食疗效果。

视觉享受：★★★ 味觉享受：★★★★ 操作难度：★★★

清蒸鲳鱼

TIME 30分钟

菜品特点

肉质鲜嫩 汤美味鲜

味道
用爱做美食
用心享佳肴
体验健康感受美味

泡椒辣鱼丁

视觉享受：★★★★
味觉享受：★★★★★
操作难度：★★★

TIME 30分钟

菜品特点
肉质鲜嫩

➡ **主料：** 草鱼肉 300 克

➡ **配料：** 泡椒末 50 克，姜末、蒜片、淀粉、植物油、香油、酱油、高汤、料酒、胡椒粉、精盐、味精各适量

 操作步骤

①将草鱼肉洗净切丁，然后加胡椒粉、精盐、料酒、淀粉拌匀腌渍 10 分钟。

②锅中放油，至六成热时，放入鱼肉丁，炸成金黄色捞起。

③锅内留底油，放入泡椒末、姜末、蒜片炒香，倒入高汤烧开，然后将鱼肉丁倒入锅内，加入胡椒粉焖 5 分钟，最后加料酒、味精、酱油、香油翻炒片刻，盛盘即可。

操作要领

炸鱼时，油温要在六成热，不能太高，以免炸煳。

营养贴士

此菜具有健胃、养血的功效。

视觉享受: ★★★★ 味觉享受: ★★★ 操作难度: ★★

萝卜丝炖河虾

TIME 20分钟

菜品特点
清淡爽口

> **主料:** 河虾 250 克,萝卜 300 克
> **配料:** 粉条 200 克,油 20 克,葱、姜各适量、精盐、味精各 5 克

操作步骤

①河虾处理干净备用;萝卜洗净切成丝;葱切成葱花;姜切末备用,粉条浸泡备用。

②锅里加油烧热,加葱花、姜末爆出香味,把河虾放进锅里,闻到香味后放入萝卜丝和粉条,再加适量的水,把锅盖上炖 10 分钟,然后放精盐、味精,搅拌均匀,撒葱花即可。

操作要领

萝卜丝在烹饪的过程中会出很多水,所以加的水不要太多。

营养贴士

此菜具有保护心血管、预防高血压及心肌梗死的功效。

> **主料:** 黄花鱼 1 条
> **配料:** 青笋 50 克,香菜梗 10 克,鸡蛋 1 个、面粉、猪油、绍酒、香油、醋、精盐、味精、葱末、姜末、淀粉、面粉、鲜汤各适量

操作步骤

①黄花鱼刮鳞,去鳃,除内脏,洗净,然后在鱼身两侧剞斜直刀纹,加精盐、味精、绍酒腌渍调味;鸡蛋加淀粉搅成糊;青笋洗净去皮切丝;香菜梗洗净切段。

②将黄花鱼沾匀面粉,挂鸡蛋糊,下入五成热的油中,煎至两面呈金黄色,取出装盘。

③将青笋、香菜梗摆放在鱼身上,然后加入精盐、醋、绍酒、味精、葱末、姜末,再添适量鲜汤,上屉蒸透取出。

④将原汤滗入锅内,用水淀粉勾薄芡,淋香油,浇在盘中鱼身上即可。

操作要领

黄花鱼入锅油炸后再蒸煮,颜色更好看,口感更筋道。

营养贴士

此菜能够清除人体代谢产生的自由基,延缓衰老。

视觉享受: ★★★ 味觉享受: ★★★★ 操作难度: ★★★

煎蒸黄花鱼

TIME 30分钟

菜品特点
口感筋道
富含营养

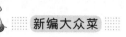

烧汁鳗鱼

TIME 25分钟

菜品特点
酥烂鲜香

视觉享受：★★★★★
味觉享受：★★★★
操作难度：★★★

> **主料：** 鳗鱼 500 克
> **配料：** 生菜叶、熟芝麻、蛋清、烧汁酱、精盐、味精、姜汁酒、花生油、淀粉各适量

操作步骤

①将鳗鱼洗净，切成宽 3 厘米、长 5 厘米的块，然后用蛋清、精盐、味精、姜汁酒、淀粉调成糊上浆；生菜叶洗净置盘中备用。

②锅中倒花生油，油烧至五成热时，放入鳗鱼块，炸至熟透皮酥，捞出沥油。

③锅中留底油烧热，倒进烧汁酱，再放入鳗鱼块翻炒

均匀，放在铺好生菜叶的盘中，撒上熟芝麻即可。

操作要领

烧汁酱不宜过浓。

营养贴士

此菜具有补虚养血、祛湿、抗痨等功效。

视觉享受：★★★★ 味觉享受：★★★★ 操作难度：★★★

泡椒鳝鱼段

TIME 45分钟

菜品特点
味道浓郁
香辣可口

○ **主料：** 鳝鱼 500 克
● **配料：** 青笋 50 克，泡椒末 50 克，姜末、蒜末、葱末各 8 克，酱油、醋、料酒各 8 克，精盐 15 克，味精 5 克，白砂糖 8 克，植物油 30 克，高汤、明油各适量

操作步骤

①将经过宰杀洗净的鳝鱼切成 3.5 厘米长的段；青笋去皮洗净切丁。
②锅中热油至七成热，放入鳝鱼段煸干水分后，加入泡椒末、姜末、蒜末和葱末炒出香味，然后加入高汤、料酒、酱油、精盐、白砂糖和青笋烧开，再转中小火继续煮，至鳝鱼煮软。
③待汤汁烧干时，加味精、葱末、醋，并淋明油，起锅晾凉，装盘即可。

操作要领

中小火煮鳝鱼的时间越长，味道越好。

营养贴士

此菜具有补中益气、养血固脱、温阳益脾、滋补肝肾、祛风通络等功效。

○ **主料：** 鲜活黄鳝 500 克
● **配料：** 青笋 50 克，花椒面、辣椒面各 5 克，郫县豆瓣酱、植物油各适量，料酒 15 克，姜末、蒜末各 10 克，精盐 3 克，醋 5 克，酱油、麻油各 10 克

操作步骤

①将黄鳝剖腹去骨，斩去头尾，切段；郫县豆瓣酱剁细；青笋去皮洗净，切细长条。
②锅中置油烧热，下鳝鱼煸干，烹入料酒，转中火略焙约 4 分钟，转大火煸炒，并下豆瓣酱至油呈红色，下姜末、蒜末炒匀，加精盐、酱油、青笋条、辣椒面稍炒，淋少许醋和麻油炒匀，最后起锅装盘，撒上花椒面拌匀即成。

操作要领

烹制时切记要把鳝鱼煸干，根据自己的口味对辣椒面酌量增减。

营养贴士

此菜有清热解毒、凉血止痛、祛风消肿、润肠止血、健脾等功效。

视觉享受：★★★ 味觉享受：★★★★ 操作难度：★★★

干煸鳝丝

TIME 20分钟

菜品特点
皮酥内嫩
鲜香酥爽

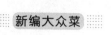

枸杞蒸白鳝

TIME 20 分钟

菜品特点
皮韧内嫩
鲜香味美

● 主料：白鳝 1 条
● 配料：枸杞 20 克，精盐 4 克，酱油 10 克，葱花 15 克，料酒 15 克，味精 3 克，姜末 10 克，清汤、香菜、熟黑豆各适量

视觉享受 ★★★
味觉享受 ★★★★
操作难度 ★★★

操作步骤

①将白鳝处理干净，切蓑衣，加入精盐、味精、料酒、酱油、姜末、葱花腌渍 1 小时；枸杞、熟黑豆洗净。
②将白鳝头放中央，腹部向下，蜷盘在蒸盆内，将枸杞、黑豆放在白鳝蓑衣刀口处，加清汤，用大火蒸 15 分钟，撒入葱花，放入香菜点缀即成。

操作要领

黑豆不容易熟，需提前煮熟。

营养贴士

此菜具有明目、补血、美容的功效。

114

视觉享受：★★★　味觉享受：★★★★　操作难度：★★★

辣椒炒黄鳝

TIME 15分钟

菜品特点
香辣可口
营养美味

⊃ **主料**：黄鳝 1 条
⊃ **配料**：青椒 30 克，红椒 10 克，姜末、蒜末、生抽、料酒、鸡精、胡椒粉、植物油、精盐各适量

🐟 操作步骤

①将黄鳝去骨洗净，切段，焯水；青椒洗净切片；红椒洗净切圈。
②锅中热油，下入姜末、蒜末和红椒爆香，然后下黄鳝翻炒，再放入青椒、料酒翻炒至辣椒变色，最后放入精盐、生抽、胡椒粉、鸡精调味即可。

🍳 操作要领

在焯鳝鱼的时候，一定要掌握好火候，否则鱼肉极易煮烂。

👉 营养贴士

此菜具有补气益血、强筋骨、去风湿、止血的功效。

⊃ **主料**：去骨鳝鱼肉 500 克，陈皮 15 克
⊃ **配料**：花椒 7 克，干辣椒 80 克，葱段、姜片各 25 克，蒜末 15 克，精盐 20 克，酱油 15 克，料酒 20 克，香油 25 克，白糖 18 克，味精 2 克，植物油 85 克，鲜汤 350 克，鲜橙 1 个

🐟 操作步骤

①将鳝鱼切成 4 厘米长的段，用葱、姜、料酒腌渍 10 分钟；陈皮切片；干辣椒切段；鲜橙切片，放入盘底。
②锅中放油，烧至六成热时，下入鳝鱼段炸至表皮发干时捞出。
③锅内留底油烧热，放入花椒、干辣椒段、姜片、陈皮、蒜末煸香，然后再放入鳝鱼段，倒入少许鲜汤，加精盐、白糖、味精、酱油入味，至汁收干，淋上香油盛出装盘即可。

🍳 操作要领

这道菜一定要用活鳝鱼的肉。

👉 营养贴士

此菜具有健脾开胃、强筋健骨的功效。

视觉享受：★★★★　味觉享受：★★★★　操作难度：★★★

陈皮鳝段

TIME 15分钟

菜品特点
色泽深褐
干香酥脆

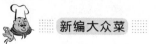

鲍鱼焖土豆

TiME 40分钟

视觉享受 ★★★★
味觉享受 ★★★★★
操作难度 ★★★

菜品特点
肉嫩滑香
健康美味

➡ **主料:** 猪五花肉 100 克，鲍鱼 300 克，土豆 200 克

➡ **配料:** 香芹、姜、葱、蒜末、花椒、大料、精盐、白糖、酱油、植物油各适量

 操作步骤

①猪五花肉洗净，焯水，切块；鲍鱼洗净，去壳取肉；土豆洗净去皮，切块；葱、姜切末。

②锅中放油烧热，放入猪肉炒至出油，然后加入花椒、大料、葱末、姜末炒香，再放入土豆、蒜末和酱油，用大火炒，翻炒几下后，加入水和白糖烧开，转小火烧 20 分钟左右。

③将鲍鱼肉下锅，加精盐调味，然后盖上锅盖用小火焖 10 分钟，撒入香芹即成。

 操作要领

鲍鱼不要炒或煮得过老，老了就咬不动了。

营养贴士

此菜具有调经、润燥利肠的功效，可治月经不调、大便秘结等。

视觉享受：★★★★　味觉享受：★★★★　操作难度：★★★

香菇溜鱼片

TIME 20分钟

菜品特点
颜色鲜亮
肉质细嫩

> **主料：** 红鱼片300克，香菇100克
> **配料：** 竹笋、胡椒粉、料酒、精盐、味精、蒜粉、姜粉、生粉、葱、姜、蒜、植物油、香油各适量

操作步骤

①将红鱼片与胡椒粉、料酒、精盐、味精、蒜粉、姜粉、生粉搅拌在一起上浆，腌渍10分钟；香菇过水切片；竹笋洗净切块，焯熟；葱切花；姜、蒜切末。
②将上浆的红鱼片在滚水里焯一下，控干水分备用。
③锅中放油烧热，入葱末、姜末、蒜末爆出香味，把香菇、竹笋放进锅里翻炒均匀，然后把红鱼片加进去，快速翻炒，再加精盐，勾薄芡，淋上香油即可出锅。

操作要领 ◀◀◀

香菇过水不容易粘锅。

营养贴士

红鱼蛋白质含量高，营养丰富，是著名的海鲜美食。

> **主料：** 火焙鱼300克，青辣椒150克
> **配料：** 猪油、精盐、鸡精、酱油各适量

操作步骤

①火焙鱼洗净；青辣椒洗净切丝。
②锅中放油烧热，炸一下火焙鱼，然后把青辣椒倒入锅中上下翻炒，加精盐、鸡精、酱油炒匀即可。

操作要领 ◀◀◀

炸火焙鱼稍微炸一下就行了，不要炸得特别干。

营养贴士

此菜可以促进身体愈合与康复，有助于智力发育。

视觉享受：★★★★　味觉享受：★★★★　操作难度：★★★

青椒火焙鱼

TIME 15分钟

菜品特点
质香辣爽
回味无穷

蒜白泡椒烧鮰鱼

TIME 25分钟

菜品特点
色泽鲜艳
味道香辣

● 主料：鮰鱼1条
● 配料：大蒜50克，泡红辣椒15克，葱、姜各10克，郫县豆瓣10克，水淀粉20克，精盐5克，白糖20克，酱油、醋各10克，料酒15克，香菇、高汤、醪糟汁、植物油各适量

观感享受：★★★★
味觉享受：★★★★★
操作难度：★★★

操作步骤

①将鮰鱼处理干净，切厚片；大蒜剥皮洗净装碗中，加少许精盐和料酒，蒸熟晾凉；郫县豆瓣剁细；泡红辣椒去籽切段；葱切段；姜切片；香菇切块。
②锅中放油烧热，下鱼片稍炸，捞起。
③锅内留少量油，下豆瓣炒至红色时，爆香葱段、姜片、蒜和泡红辣椒，加入香菇，再加入高汤，沸后捞去豆瓣渣，下鮰鱼和料酒、精盐、白糖、酱油、醋、醪糟汁，转小火烧至鱼熟入味。
④放入蒸熟的蒜，至汁浓时，将鱼盛入盘中摆好，

然后在锅中下水淀粉勾芡成浓汁，烹入少许醋，起锅淋在鱼身上即成。

操作要领

炸鱼时最好戳破鱼眼，可防止爆裂后烫伤人。

营养贴士

大蒜既可调味，又能防病健身，被誉为"天然抗生素"。
鮰鱼富含多种维生素和微量元素，是滋补营养佳品。

视觉享受：★★★★　味觉享受：★★★★★　操作难度：★★★★

盆盆香辣虾

TIME 30分钟

菜品特点
麻辣味浓
紧致鲜嫩

⊙ **主料：** 海虾 250 克

⊙ **配料：** 土豆、青椒、红椒各 50 克，干辣椒、麻辣花生、熟芝麻、葱段、姜末、蒜片、四川辣酱、生抽、白糖、精盐、料酒、植物油各适量

🥢 操作步骤

①将海虾清洗干净，去虾枪加入料酒浸泡；土豆去皮洗净切成粗条；青椒、红椒洗净均切长条；干辣椒洗净切段。

②锅中倒油，油至七成热时，放入虾炸透变红捞出，然后把土豆条放入锅中，炸至金黄，表皮变硬，取出控干。

③锅中留底油，放入葱段、姜末、蒜片、干辣椒爆香锅底，然后加入四川辣酱炒匀，再倒入虾、土豆、青椒、红椒一起翻炒，加生抽、白糖、精盐和麻辣花生，最后关火，放入熟芝麻拌匀即可。

🌶 操作要领 ◀◀◀

这道菜的做法多样，你可以按照沸腾鱼的做法试一试。虾先炸过，口感更香，而且可以更好地吸附麻辣汤汁。

👉 营养贴士

此菜具有增加食欲、滋补壮阳的功效。

⊙ **主料：** 鲜虾 500 克

⊙ **配料：** 黄瓜 100 克，木耳 50 克，料酒、精盐、白糖、姜丝、植物油各适量

🥢 操作步骤 ◀●

①将虾剪去脚，抽去肠线，洗净控干水分；木耳泡发后切片。

②锅中放油烧热，放入虾、姜丝煎约 2 分钟，然后放入白糖、精盐、料酒和适量水，再放入黄瓜和木耳焖约 5 分钟即可。

🌶 操作要领 ◀◀◀

虾的黑色肠线是虾的消化道，里面有很多脏东西，一定要去掉。

👉 营养贴士

此菜具有益气滋阳、通络止痛、开胃化痰的功效。

视觉享受：★★★　味觉享受：★★★★　操作难度：★★★

黄焖带皮虾

TIME 30分钟

菜品特点
肉质细嫩
营养丰富

虾干萝卜丝

视觉享受：★★★★
味觉享受：★★★★
操作难度：★★★

菜品特点
黄绿相间
脆软相成

● **主料：**虾干50克，青萝卜150克

● **配料：**蒜、精盐、香油、豉汁、植物油各适量

操作步骤

①虾干洗净，稍加浸泡后控干水分；青萝卜洗净去皮，切丝；蒜剁成茸。

②锅中放油，用中小火将蒜茸煸香，然后将虾干煸炒至表皮金黄肉酥香，再将萝卜丝下锅翻炒几下，炒至萝卜丝出水变软时，添加精盐、豉汁调味，起锅前滴入香油拌匀即可。

操作要领

虾干带有咸味，注意放精盐的量。

营养贴士

此菜具有提神、通气的功效。

视觉享受：★★★★　味觉享受：★★★★　操作难度：★★★

砂锅胡椒虾

TIME 30分钟

菜品特点
胡椒味浓
虾肉鲜嫩

→ **主料：** 新鲜虾 500 克

→ **配料：** 蒜末、奶油、肉桂粉、鸡粉、蚝油、胡麻油、米酒、黑胡椒粉、黑胡椒颗粒各适量

🍴 操作步骤

①将虾洗净，擦干水分；将黑胡椒颗粒、肉桂粉和鸡粉混合均匀制成调味粉。

②将虾放入油锅，炸至全熟变红后，捞出沥油。

③锅中另入油，入蒜末、蚝油炒香，然后熄火加入黑胡椒粉翻炒至飘香，再开火倒入米酒，煮开后，放入虾翻炒均匀。

④将锅中的虾和调料全部倒入砂锅中，盖上盖，用文火焖烧 5 分钟至汤汁收干，再开盖加入调味粉和奶油，熄火翻炒至飘出油香味即可。

🔥 操作要领

炸虾时，若虾未完全熟透，会使肉质变烟，颜色也会转黑。

👉 营养贴士

此菜对于身体虚弱和神经衰弱等症有很好的食疗作用。

→ **主料：** 虾仁 100 克，白菜 300 克

→ **配料：** 红椒、香菜、葱、姜、精盐、辣椒油、鸡精各适量

🍴 操作步骤

①虾仁洗净去掉虾线，用开水焯一下，擦干水分；白菜洗净，撕成小块；红椒洗净，切粒；香菜洗净，切小段；葱、姜切末。

②锅中放入辣椒油，放入红椒、葱末、姜末煸炒出香味，然后倒入白菜，加精盐、鸡精和虾仁翻炒，出锅前撒入香菜即可。

🔥 操作要领

手撕的白菜容易入味，口感好。

👉 营养贴士

此菜具有养胃生津、除烦解渴、利尿通便、清热解毒的功效。

视觉享受：★★★　味觉享受：★★★★　操作难度：★★

虾仁辣白菜

TIME 10分钟

菜品特点
咸香浓郁
脆嫩适口

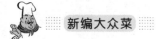

TIME 10分钟

菜品特点
味道鲜美
营养丰富

香辣蟹

视觉享受：★★★★
味觉享受：★★★★★
操作难度：★★

主料： 肉蟹1只（约500克）

配料： 葱、姜、花椒、精盐、白糖、白酒、干辣椒、料酒、醋、植物油各适量

操作步骤

①将肉蟹放在器皿中加入适量白酒，待蟹醉后去腮、胃、肠，洗净切成块；葱切段；姜切片；干辣椒切段。

②锅中放油，油至三成热时，放入花椒、干辣椒炒出麻辣香味，然后加入姜片、葱段、蟹块，再倒入料酒、醋、白糖和精盐翻炒均匀即可。

操作要领

蟹的胃、肠、腮部分不可食用，应去掉。要炒出麻辣味，就要多放花椒和干辣椒。

营养贴士

此菜对于瘀血、黄疸、腰腿酸痛和风湿性关节炎等症有一定的食疗效果。

视觉享受：★★★★　味觉享受：★★★★　操作难度：★★★

酱香蟹

TIME 40分钟

菜品特点
酱香味浓
肉质爽口

➡ **主料：** 海蟹3只（约500克）

🥢 **配料：** 红杭椒、绿杭椒各10克，酱料包（包括大料2粒，陈皮、草果、香叶各3克，肉蔻8克，葱30克、姜、茴香各10克）1包，老汤适量，酱油40克，精盐、白糖各80克，味精50克，香芹叶少许

🔄 操作步骤

①将海蟹洗净，剥开蟹壳，去除沙袋及内脏，冲洗干净；红杭椒、绿杭椒洗净，焯水后切段。
②把白糖和水放入锅中，用小火熬成糖色。
③锅中倒入老汤，将酱料包放入老汤中，加入糖色、酱油、精盐、味精，调成酱汤，然后将海蟹放入酱汤中，以小火煮约25分钟，关火后再焖5分钟。
④将海蟹捞出后切成两块，与红杭椒、绿杭椒一起装盘，再浇上少许酱汤，摆上香芹叶即可。

🔪 操作要领　◀◀◀

酱料包的材料根据个人口味增减。

👉 营养贴士

此菜具有养筋益气、理胃消食的功效。

➡ **主料：** 蟹2只（约400克）

🥢 **配料：** 红油20克，黑胡椒3克，姜片、红椒、精盐、生粉、植物油各适量

🔄 操作步骤　◀◀

①蟹剥背壳，去鳃肠，洗净，切块；黑胡椒捣成碎末；红椒洗净，切成碎末。
②将蟹块拍上生粉，入热油中炸至七成熟备用。
③锅内留底油，爆香姜片、红椒，加入适量水、精盐、黑胡椒碎，然后倒入蟹块和背壳焖熟。
④盛出蟹块摆盘，淋上热红油即可。

🔪 操作要领　◀◀◀

炸蟹的时候，蟹变色即可捞出，不要炸太久。

👉 营养贴士

此菜具有滋补、解毒的功效。

视觉享受：★★★★　味觉享受：★★★★★　操作难度：★★★

红油黑椒蟹

TIME 25分钟

菜品特点
色泽红褐
香辣宜人

糖醋蜇丝

视觉享受：★★★★
味觉享受：★★★★
操作难度：★★★

菜品特点
清凉泥鹤
营养美味

● **主料**：海蜇丝 200 克
● **配料**：白萝卜 100 克，醋、蒜、生抽、香油、白糖、精盐各适量

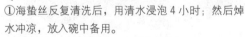
操作步骤

①海蜇丝反复清洗后，用清水浸泡 4 小时；然后焯水冲凉，放入碗中备用。
②白萝卜洗净去皮切细丝；蒜剁成蒜泥。
③将萝卜丝、蒜泥倒入装海蜇丝的碗中，依次调入白糖、精盐、生抽和香油，最后调入醋，充分拌匀即可食用。

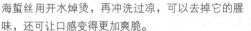
操作要领

海蜇丝用开水焯烫，再冲洗过凉，可以去掉它的腥味，还可让口感变得更加爽脆。

营养贴士

海蜇的营养极为丰富，最独特之处是脂肪含量极低，蛋白质和无机盐类等含量丰富。

视觉享受：★★★★ 味觉享受：★★★★ 操作难度：★★

干贝西蓝花

TIME 20分钟

菜品特点
绿色营养
健康美味

🔵 **主料：** 西蓝花400克，干贝20克
🔵 **配料：** 植物油、高汤、花雕酒、生抽、精盐、蒜、生粉、白糖各适量

🔄 操作步骤

①干贝用冷水泡发，撕成丝；西蓝花切朵，焯水；花雕酒与生粉调成汁备用；蒜切片。
②热锅放油，下蒜片爆香，倒入西蓝花，翻炒一阵，加入白糖和生抽翻炒一下出锅装碟。
③另起锅，少许温油，下干贝丝，炒至变色；加入泡发干贝的水和高汤烧开，然后倒入之前调好的花雕酒与生粉调成的汁勾芡，大火收汁，加精盐调味即可。

🔵 操作要领

干贝提前一晚泡最好，还要加点黄酒，可以很好地去除腥味。

👉 营养贴士

西蓝花的钙含量可与牛奶相媲美，它可以有效地降低诸如癌症、骨质疏松、心脏病以及糖尿病等的发病几率。

🔵 **主料：** 鲜贝100克，黄瓜150克
🔵 **配料：** 酱油4克，醋5克，香油3克，白糖、精盐各3克，葱、蒜各5克，姜2克，辣椒酱适量

🔄 操作步骤

①将黄瓜洗净去皮，切成菱形块，装盘；葱、姜、蒜均切末。
②将鲜贝肉洗净，下入开水锅内烫熟，过凉，控干水，切小块放在黄瓜上。
③将葱末、姜末、蒜末、酱油、白糖、精盐、香油、醋调匀成汁，倒在鲜贝肉上，吃时拌匀。
④将辣椒酱装小碟放在旁边，吃时可以蘸食。

🔵 操作要领

鲜贝肉焯水后，立刻过凉，口感更好。

👉 营养贴士

此菜具有清热解暑、增加食欲的功效。

视觉享受：★★★★ 味觉享受：★★★★ 操作难度：★★

巧拌鲜贝

TIME 15分钟

菜品特点
贝肉鲜嫩
黄瓜清脆

九味金钱鲜贝

TIME 30 分钟

菜品特点
色泽红亮
肉嫩柔软

● **主料：** 鲜贝肉 500 克
● **配料：** 鸡蛋 1 个，红辣椒 10 克，香菜 15 克，料酒 20 克，精盐 5 克，醋 5 克，辣椒酱、白砂糖各 10 克，蒜、葱、姜各 10 克，花椒粉 1 克，香油 10 克，干淀粉 18 克，鸡汤、湿淀粉、植物油各适量

视觉享受：★★★★★
味蕾享受：★★★★★
操作难度：★★★

操作步骤

①鲜贝肉洗净，擦干水分，切块；葱、姜切末；蒜剁泥；红辣椒切成碎丁；香菜摘洗干净；鸡汤、辣椒酱、醋、精盐、白砂糖、湿淀粉和香油兑成调味汁。
②将鸡蛋清、精盐、干淀粉调匀，给贝肉上浆。
③锅内放油烧至六成热时，将贝肉下入油锅内滑熟，倒入漏勺沥油。
④锅内留少量油，下入花椒粉、姜末、蒜泥、红辣椒煸炒出香辣味，然后将贝肉倒入锅内，烹料酒，倒入调味汁，翻炒几下，装在盘内，撒入葱末、香菜即可。

操作要领

贝肉滑熟即可，过老就不嫩了。

营养贴士

此菜具有促进胃肠蠕动、开胃醒脾的功效。

视觉享受：★★★ 味觉享受：★★★★ 操作难度：★★★

黑椒牡蛎

TIME 30分钟

菜品特点

肉味香浓
别有风味

➡ **主料：** 牡蛎 5 个

➡ **配料：** 黑椒汁 60 克，生抽 15 克，姜汁酒 20 克，葱末、蒜泥各 5 克，牛油 20 克

🥄 操作步骤

①将牡蛎冲洗干净，剔出肉，外壳放入姜汁酒飞水，再将牡蛎肉放在壳上。

②炒锅上火，下入牛油、葱末、蒜泥、生抽，小火炒香，然后下入黑椒汁，勾薄芡，装入牡蛎肉上，再放入调至 200℃的烤箱中，焗 3 分钟左右即可。

🍲 操作要领

用姜汁酒可以很好地去除牡蛎壳上的腥味。

👉 营养贴士

牡蛎，被誉为"海里的牛奶"。它富含大量蛋白质和人体所缺的锌。食用牡蛎可防止皮肤干燥，促进皮肤新陈代谢，分解黑色素。它是难得的美容圣品。

➡ **主料：** 牡蛎 250 克

➡ **配料：** 干辣椒 10 克，调味鲜、咖喱粉、植物油、精盐、生抽、姜末、味精、白糖、醋各适量

🥄 操作步骤

①牡蛎在开水中烫后，沥干水分，撒入精盐、味精、白糖、生抽、姜末、醋拌匀，腌渍 15 分钟。

②锅中放油，下入干辣椒炒香，然后倒入牡蛎翻炒均匀，调入调味鲜、咖喱粉炒至入味即可盛盘。

🍲 操作要领

牡蛎要用水烫一下控干水，不然炒时会生出很多水来，影响味道。

👉 营养贴士

此菜是养肾补虚者的食用佳品。

视觉享受：★★★★ 味觉享受：★★★★ 操作难度：★★★

红烧咖喱牡蛎

TIME 20分钟

菜品特点

肉嫩美鲜
营养健康

姜葱炒花蛤

视觉享受：★★★★
味觉享受：★★★★
操作难度：★★★

菜品特点
滑嫩鲜香
口味独特

> **主料：** 花蛤 500 克
> **配料：** 姜片、葱段、芹菜梗、酱油、生粉各适量

操作步骤

①锅里放清水烧开后，倒入花蛤，见壳张开就捞起；芹菜梗洗净，切段。

②锅中热油，放入姜片、葱段爆香，然后倒入花蛤翻炒几下后，加入芹菜梗，最后加入酱油，用生粉汁勾芡，装盘即成。

操作要领

花蛤一定要浸泡吐泥沙。煮开口后再用清水冲洗泥沙，以保证成菜后的口感。炒制的时间不要太长，适合大火快炒，蛤肉才会鲜嫩。

营养贴士

此菜具有滋阴明目、软坚、化痰的功效。

视觉享受：★★★★ 味觉享受：★★★★★ 操作难度：★★★

啤酒香辣蟹

TIME 25 分钟

菜品特点

辣味飘香
回味绵长

> **主料：** 小海蟹 6 只
>
> **配料：** 啤酒 1 瓶，植物油、黄豆酱、火锅底料、姜末、葱末、蒜末、大料、花椒、白糖各适量

操作步骤

①将小海蟹清洗干净，每只切成 4 瓣装盘备用。

②锅内放油，炒香葱末、姜末、蒜末后，依次放入黄豆酱、火锅底料、花椒、大料炒出香味，然后倒入小海蟹翻炒至水干。

③倒入啤酒，放入白糖，中火煮 6 分钟，大火收汁即可。

操作要领

选择火锅底料可以选择大红袍牌子的，辣味重。

营养贴士

此菜具有增加食欲、美容养颜的作用。

> **主料：** 龟 1 只（250~500 克）
>
> **配料：** 菜油 60 克，黄酒 20 克，生姜、花椒、冰糖、酱油各适量

操作步骤

①将龟处理干净，取肉切块。

②锅中加菜油，烧热后，放入龟肉块，反复翻炒，再加生姜、花椒、冰糖等调料，烹以酱油、黄酒，加适量清水，用文火煨炖，至龟肉烂为止。

操作要领

处理龟时先将龟放入盆中，加热水（约 40℃），使其排尽尿，然后再作其他处理。

营养贴士

红烧龟肉是药膳偏方菜谱之一，具有滋阴补血的功效，适用于阴虚或血虚患者所出现的低热、咯血、便血等症。

视觉享受：★★★ 味觉享受：★★★★ 操作难度：★★

红烧龟肉

TIME 20 分钟

菜品特点

滋阴养血

清炖甲鱼

TIME 120分钟

菜品特点
汤清味浓
肉烂鲜香

视觉享受：★★★
味觉享受：★★★
操作难度：★★

- **主料：** 活甲鱼1只（1000克）
- **配料：** 鸡腿2个，熟火腿25克，香菇15克，冬笋5克，葱15克，姜、蒜各10克，醋、精盐、湿淀粉、胡椒粉、绍酒、粉皮各适量，熟猪油25克，鸡清汤500克

操作步骤

①甲鱼宰杀处理干净，肉剁块，以少许精盐和湿淀粉拌匀上浆；熟火腿、冬笋切片；葱切花；姜切片；香菇洗净，入沸水焯熟。

②炒锅置旺火上，放入熟猪油，待油烧至七八成热，放入浆好的甲鱼，炸至两面硬结时捞出，将蒜瓣、生姜片放入汤碗中，放入甲鱼、火腿、香菇、冬笋、粉皮，加鸡清汤、精盐、醋、绍酒。

③将葱花盖在上面，上笼屉蒸烂取出，去掉冬笋、

姜、鸡腿、香菇和火腿，撒上胡椒粉即成。

操作要领

甲鱼剁块前后都要认真清洗，尤其是血污要清洗干净，以免色暗。

营养贴士

甲鱼有较好的净血作用，常食者可降低血胆固醇，对高血压、冠心病患者有益。

★★★★★

营养汤羹

★★★★★

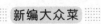

海葵蛋花汤

TIME 40 分钟

菜品特点
色泽亮润
味道鲜美

视觉享受：★★★★
味觉享受：★★★★★
操作难度：★★★

主料：海葵 100 克，鸡蛋 1 个
配料：香油、精盐、韭菜、植物油各适量

操作步骤

①把海葵洗净，切成小块；韭菜切小段。

②锅中放油烧热，将海葵倒入锅中翻炒 1 分钟，然后加适量的水烧开，加精盐调味，中小火炖约 30 分钟至软。

③将鸡蛋打入汤中，慢慢搅开。

④出锅前撒入韭菜段，淋上香油即可。

操作要领

海葵本身很鲜，基本不需要其他调料调味，只要少许精盐调调味就可以了。

营养贴士

此菜具有促进人体生长发育的功效，被视为幼儿成长期最具营养价值的食品。

视觉享受：★★★　味觉享受：★★★★　操作难度：★★★

狗肉黑豆汤

TIME 60 分钟

菜品特点
肉香酥烂
营养丰富

⭢ **主料：** 狗肉 500 克，黑豆 60 克

⭠ **配料：** 精盐适量

🔄 操作步骤

①狗肉洗净切块，黑豆洗净浸泡 30 分钟。

②锅中加水，将狗肉、黑豆放入，大火烧开，撇去浮沫。

③转小火煨至豆酥、肉烂，以精盐调味即可。

🌢 操作要领 ◀◀◀

此汤要趁热食用，其量可酌情而定。

👉 营养贴士

此汤具有温肾壮阳、补气强身的功效。

⭢ **主料：** 五花肉 100 克，冻豆腐 250 克，鲜海带 100 克

⭠ **配料：** 猪油 50 克，精盐 4 克，味精 2 克，葱 5 克，姜 2 克，鲜汤适量

🔄 操作步骤 ◀

①将冻豆腐化开，洗净，挤干水分，切块；海带洗净，切片；五花肉氽烫后，切块；葱切花；姜切丝。

②锅内放油烧至七八成热，投入葱花、姜丝爆出香味，然后放入五花肉、冻豆腐和海带煸炒几下，再加入鲜汤，用旺火烧开，撇去浮沫，盖上锅盖，转用小火炖 30 分钟，加入精盐和味精，即可出锅。

🌢 操作要领 ◀◀◀

豆腐越炖越香，如果时间充裕可以多炖一段时间。

👉 营养贴士

此菜具有排毒养颜、减肥的功效。

视觉享受：★★★　味觉享受：★★★★　操作难度：★★★

海带炖冻豆腐汤

TIME 40 分钟

菜品特点
松软酥松
清爽可口

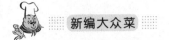

TIME 50 分钟

菜品特点
香味可口
营养健康

面筋 香菇汤

视觉享受 ★★★★
味觉享受 ★★★★
操作难度 ★★★

 主料： 水面筋 400 克

 **配料：** 鲜香菇 50 克，红枣、枸杞各 5 克，当归 10 克，鸡精 2 克，精盐 3 克，花生油 20 克，香芹叶少许

 操作步骤

①水面筋洗净切块；香菇洗净去蒂切成两片；红枣、枸杞洗净；当归切丝。

②锅中放油，烧至九成热时，放入水面筋炸干水分。

③锅中加水，沸后放入面筋、香菇、当归、精盐；面筋回软时，捞起沥干，除去当归，剩余的汤汁放入一个大碗内沉淀备用。

④另取一个大碗，碗内壁涂匀花生油，将香菇和面筋分别放在碗底两边，再加入红枣、枸杞，倒入经过沉淀的面筋汤，再取一个小碗，放入当归和适量

水，两个碗一并入笼用旺火蒸煮 30 分钟取出。

⑤将当归汤倒入面筋汤，加入精盐、鸡精调味，放上香芹叶即可。

操作要领

炸面筋时，待其浮起呈赤红色时捞出，并在热水中将油尽量洗去，这样成品的味道会更加美味。

营养贴士

此汤具有补气活血的功效。

视觉享受：★★★★ 味觉享受：★★★★ 操作难度：★★

桂圆蛋花汤

TIME 15分钟

菜品特点
口感甘润
美味健康

主料： 桂圆肉 20 克

配料： 鸡蛋 1 个，鲜杨梅 1 颗，精盐适量

操作步骤

①将桂圆肉、杨梅分别洗净。

②砂锅中加水，放入桂圆肉用小火煨煮至黏稠熟烂，加入杨梅。

③转中火，加入搅打均匀的鸡蛋糊，边煮沸边搅拌成蛋花汤，加精盐即成。

操作要领

在这道汤中，杨梅作点缀用，可以不加。

营养贴士

此汤可补心益脾、滋阴养血，适用于女性月经不调及产后。

主料： 黑豆 50 克，桂圆肉 15 克

配料： 红枣、莲子各适量

操作步骤

①将桂圆肉、黑豆、红枣、莲子分别洗净，提前用水浸泡黑豆、红枣、莲子 4 小时。

②锅中加清水，放入桂圆肉、黑豆、红枣、莲子，用小火煮 1 小时，撇去汤上的浮渣，待汤汁收浓即可。

操作要领

黑豆要豆大、圆润黑亮，外皮下是绿色的、新鲜的。

营养贴士

此汤具有补肾、润发、乌发、补血安神的功效。

视觉享受：★★★★ 味觉享受：★★★★★ 操作难度：★★

黑豆桂圆红枣汤

TIME 75分钟

菜品特点
浓浓沉郁
香甜迷人

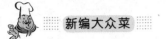

红烧汤

TIME 20分钟

菜品特点
味道可口
营养丰富

○ **主料：** 番茄 400 克，嫩豆腐 250 克

○ **配料：** 胡萝卜、白萝卜、葱、葵花籽油、精盐、鸡精、辣椒酱各适量

视觉享受：★★★
味觉享受：★★★★
操作难度：★★

操作步骤

①番茄剥去皮切成小块；豆腐、胡萝卜、白萝卜切丁；葱切花。

②锅中烧油，放入番茄翻炒，待煮烂熬成糊状，放入豆腐翻炒，让豆腐充分吸收番茄汁，然后加入少量水、精盐和鸡精、辣椒酱烧开，最后撒上葱花即可。

操作要领

豆腐焯水可去掉豆腥味，水中放点精盐可以保持豆腐完整。番茄不好去皮，可先放入滚水中烫一下，再放入凉水过片刻，剥皮就非常容易了。

营养贴士

此汤具有养颜美容、益气、清热润燥、生津止渴、清洁肠胃等功效。

视觉享受：★★★ 味觉享受：★★★★ 操作难度：★★

樱桃羹

TIME 10 分钟

菜品特点

甜糯味浓
营养开胃

主料： 鲜樱桃 250 克
配料： 冰糖、藕粉、食用红色素各适量

操作步骤

①樱桃洗净去蒂和核，切成指甲片状。
②锅中加水，放入樱桃片烧开，加冰糖，然后用小火煮至耙软，加入食用红色素和藕粉，2 分钟后，即可起锅。

操作要领

藕粉要少，以入锅煮沸后糖能牵丝为佳。

营养贴士

此羹具有补气、养血、白嫩肌肤、美容养颜的功效。

主料： 莲子 60 克
配料： 糖桂花 2 克，鲜樱桃、白糖各适量

操作步骤

①莲子用开水泡涨，浸 1 小时后，剥衣去心；樱桃肉切成指甲片状。
②将莲子肉倒入锅内，加适量清水，小火慢炖约 2 小时，至莲子酥烂，汤糊成羹，加白糖、糖桂花、樱桃片，再炖 5 分钟即可。

操作要领

莲子浸泡的时间长一点才能煮烂。

营养贴士

此羹具有温中散寒、补心益脾、暖胃止痛的功效。

视觉享受：★★★ 味觉享受：★★★★ 操作难度：★★

桂花莲子羹

TIME 150 分钟

菜品特点

口感甘甜
美味健康

双红南瓜汤

TIME 20分钟

菜品特点
色泽亮丽
香甜绵软

- **主料**：南瓜 500 克
- **配料**：枣（干）20 克，红糖 10 克

操作步骤

①把南瓜洗净去皮，切成块状；红枣洗净去核。

②将红枣、南瓜、红糖一起放入盛水的煲中，煮至南瓜烂熟即可。

操作要领

糖尿病患者若按照该食谱制作菜肴，请将调料中的红糖去掉。

营养贴士

此汤具有健肺、补中益气的作用。

五彩豆腐汤

TIME 15分钟

视觉享受：★★★★　味觉享受：★★★★　操作难度：★★

菜品特点
鲜嫩香浓
营养丰富

主料： 嫩豆腐400克

配料： 小白菜、胡萝卜、白萝卜、水发木耳、水淀粉、精盐、味精、胡椒粉各适量

操作步骤

①嫩豆腐切小块；胡萝卜、白萝卜洗净去皮切丁；水发木耳泡发后撕片；小白菜洗净切段。

②锅中加水烧开，放入豆腐、胡萝卜、白萝卜、木耳、小白菜，加精盐、味精调味煮约10分钟。

③出锅前用水淀粉勾芡，再撒入胡椒粉调匀即可。

操作要领

嫩豆腐易碎，所以刚下入锅中时不要随便搅动。

营养贴士

此菜具有促进人体新陈代谢、延缓衰老、通肠导便、防治痔疮等功效。

主料： 猪肉250克，黄豆芽200克，冬瓜150克，鸡蛋50克

配料： 酱油8克，姜10克，大葱8克，胡椒粉、味精各5克，精盐10克，淀粉15克，香菜、鲜汤各适量

操作步骤

①姜、葱洗净切末；猪肉剁细，装入碗内，加鸡蛋、淀粉、精盐、姜末、葱末，搅拌均匀成馅，做成肉饼；将豆芽掐足洗净；冬瓜去皮洗净切片备用。

②分别将黄豆芽、冬瓜放入装有鲜汤的锅内煮，加精盐、酱油、胡椒粉、味精等调味。

③上味后，连汤带菜倒入汤碗内，将肉饼放在菜上，上笼蒸熟，取出放上香菜即可。

操作要领

生姜和大葱一定要切碎，拌入肉馅后几乎不可见，才得此菜制作之精髓。

营养贴士

此汤具有清热利湿、消肿除痹、祛黑痣、治疣赘、润肌肤的功效。

豆芽肉饼汤

TIME 45分钟

视觉享受：★★★★★　味觉享受：★★★★★　操作难度：★★

菜品特点
营养丰富
口味鲜香

澄净菠菜汤

视觉享受：★★★★
味觉享受：★★★★
操作难度：★★

菜品特点
红绿相间
鲜软柏宜

> **主料：** 菠菜 200 克
> **配料：** 胡萝卜 100 克，葱末、精盐、鸡精、植物油、水淀粉各适量

操作步骤

①将菠菜洗净焯水，切成碎末；胡萝卜洗净切成小丁。

②锅中入油，入葱末爆香，然后加入适量水烧开，放入胡萝卜、菠菜煮5分钟。

③出锅前用水淀粉勾芡，加精盐、鸡精调味即可。

操作要领

把握好火候和时间是做这道菜的关键，以菠菜不烂、胡萝卜刚断生为准。

营养贴士

此菜具有明目、利膈宽肠、减肥的功效。

视觉享受：★★★★ 味觉享受：★★★★★ 操作难度：★★★

八宝茶汤

TIME 5分钟

菜品特点

色泽杏黄
枣香四溢

主料： 面粉（炒熟的小米水磨面）50克

配料： 桔饼、莲子、核桃仁、红枣肉、瓜条、青梅、白糖、熟黑芝麻、熟白芝麻各适量

操作步骤

①将桔饼、核桃仁、红枣肉、瓜条、青梅切成碎块状备用。

②碗内倒入50克沸水和10克凉开水，加入50克面粉调成糊。

③在碗中加入桔饼、核桃仁、红枣肉、瓜条、青梅、莲子，再放入白糖，撒入熟黑、白芝麻就可以了。

操作要领

要事先用水把小米水磨面调成糊状，面糊不宜过稀或过稠，以用筷子搅拌时能出现轻微纹路即可。冲糊时，汤匙应向一个方向快速地不停搅拌。

营养贴士

此汤有健脾胃、补气血的功效。

主料： 嫩豆腐、熟冬笋、熟鸡肉、鲜海带各30克

配料： 料酒、精盐、鸡精各适量

操作步骤

①将嫩豆腐、冬笋、鸡肉、海带洗净，切丝。

②锅中烧开水，将豆腐丝、笋丝下锅，待煮沸后，加料酒、精盐、鸡精，撇去浮沫；然后下鸡丝、海带丝略煮即可。

操作要领

注意不同食材的放入时间。

营养贴士

此汤具有养颜美容、降血脂、抗衰老等功效。

视觉享受：★★★★ 味觉享受：★★★★★ 操作难度：★★★

四丝汤

TIME 20分钟

菜品特点

营养丰富
菜相诱人

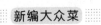

猪胰山玉米汤

TIME 70分钟

菜品特点
汤鲜肉细
营养保健

● **主料：** 鲜玉米 1 个，猪胰 5 克
● **配料：** 淮山药 15 克，精盐适量

观感享受：★★★★
味觉享受：★★★★
操作难度：★★★

操作步骤

①猪胰洗净切片，焯水；玉米去衣，洗净切段；淮山药洗净去皮切块，浸水半小时。

②锅中加水烧开，放入猪胰和玉米，加少许精盐，煮约 5 分钟；然后放入淮山药，煮约 10 分钟，再用小火煨约半小时，加精盐调味即可。

操作要领

煮汤的时间长一些比较好，这样汤才入味。

营养贴士

此汤具有补脾健胃、补肺益气、生津利水等功效。

142

视觉享受：★★★ 味觉享受：★★★★ 操作难度：★★

大枣猪心汤

TIME 50 分钟

菜品特点
清甜可口
汤味鲜美

主料： 猪心 500 克

配料： 枣（干）20 克，姜块 2 克，枸杞 3 克，
精盐 8 克，料酒 15 克

操作步骤

①把猪心去除附着物，洗净，切片；枣洗净。
②将枣、精盐、料酒、姜块、枸杞、猪心一同放在
锅内，加适量水煮沸，然后用小火炖煮半小时即成。

操作要领

猪心切片后最好焯一下水，这样可以去一下里面的
血水。

营养贴士

此汤可以帮助人体加强心肌营养，以及增强心肌收缩力。

主料： 牛肉 100 克，芋头 200 克

配料： 鸡精、精盐、葱花各适量

操作步骤

①牛肉洗净，焯水后切成碎末；芋头洗净，去皮切块。
②炖锅加水，放入芋头和牛肉，炖约 1 小时。
③吃前调入精盐，撒上鸡精和葱花即可。

操作要领

牛肉可以提前煮熟，再切碎；待芋头汤炖成时，再
放入牛肉碎。

营养贴士

此汤具有益胃、宽肠、调中气、通便散结、添精益髓
等功效。

视觉享受：★★★★ 味觉享受：★★★★ 操作难度：★★

芋头牛肉碎

TIME 60 分钟

菜品特点
营养美味
极佳组合

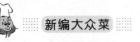

 翡翠肉圆汤

观觉享受：★★★★
味觉享受：★★★★
操作难度：★★★

TIME 15分钟
菜品特点
蛋白相间
清香佩人

➡ **主料：** 小肉圆150克，嫩蚕豆仁100克，莴笋片50克

🥄 **配料：** 姜片、枸杞、黄酒、精盐、味精、清汤、植物油各适量

🔄 操作步骤

①将蚕豆仁放入沸水中焯烫片刻，捞出，立即放入清水中浸凉。

②锅中热油，放入姜片、蚕豆仁、莴笋片煸炒片刻，然后加入清汤、小肉圆、枸杞、黄酒，煮沸后，撇去浮沫，煮10分钟，最后加入精盐、味精调味即可。

🔄 操作要领

肉丸下锅时火要调小一些，滚开的水下肉丸容易起沫。

 👉 **营养贴士**

此汤具有补中益气、健脾益胃、清热利湿的功效。

视觉享受 ★★★★ 味觉享受 ★★★★ 操作难度 ★★★

冬瓜氽丸子

TIME 30分钟

菜品特点
冬瓜软烂
丸子鲜嫩

主料： 冬瓜 250 克

配料： 猪肉馅 100 克，淀粉、生抽、绍酒、蒜片、姜片、精盐、鸡精、植物油、香芹叶各适量

操作步骤

①把猪肉馅和淀粉、生抽、精盐、绍酒调匀待用。

②锅中放油烧热，入蒜片、姜片爆香，然后加入适量水煮沸，把调好的馅捏成一个个小丸子，下进锅里，用中火煮约 10 分钟，再下切好的冬瓜片至熟，最后加鸡精和精盐调味，放上香芹叶装饰即可。

操作要领

肉丸宜小不宜大。

营养贴士

此汤有利尿消肿、清热解毒、清胃降火的功效。

主料： 胡萝卜 40 克，土豆 20 克，香米 30 克

配料： 精盐、葱花、高汤各适量

操作步骤

①胡萝卜、土豆洗净去皮，切丁；香米淘洗后浸泡一会儿。

②锅中倒入高汤，放入香米烧开，10 分钟后，放入胡萝卜、土豆丁，用中小火继续煮，20 分钟后，放入精盐，撒入葱花即可。

操作要领

此汤熬成粥状最佳。

营养贴士

此汤含有丰富的维生素，可以促进人体生长发育，维持正常的生理功能。

视觉享受 ★★★ 味觉享受 ★★★★ 操作难度 ★★

胡萝卜土豆汤

TIME 40分钟

菜品特点
入口绵甜
营养丰富

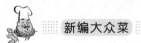

薏米红枣猪肉汤

菜品特点
营养丰富
味道鲜美

➡️ **主料：** 猪里脊肉 100 克，薏米 80 克，木耳 3 克，红枣 10 克
👉 **配料：** 精盐、鸡精各适量

视觉享受：★★★★
味觉享受：★★★★
操作难度：★★★

🔄 操作步骤

①猪肉洗净焯水，切片；红枣洗净去核；薏米洗净，
浸泡 30 分钟；木耳泡发后，去蒂撕成小朵儿。
②锅中加足量水，放入猪肉、红枣、薏米和木耳，
大火烧开 5 分钟后，改小火慢煲 1 小时。
③出锅前，加精盐和鸡精调味即可。

🔥 操作要领

炖汤中间最好不要加水，如果必须加，要加开水。

👉 营养贴士

此汤有清热润燥、养血益颜的功效。

146

视觉享受：★★★　味觉享受：★★★★　操作难度：★★★

薏米冬瓜羊肉汤

TIME 60 分钟

菜品特点
不腻不膻
值得享受

⊙**主料：** 羊肉 100 克，冬瓜 50 克，薏米 40 克

⊙**配料：** 胡萝卜、姜片、葱花、精盐、鸡精各适量

🔄 操作步骤

①将羊肉洗净，焯水后切块；冬瓜洗净去皮切块；薏米用水泡一下；胡萝卜洗净切小丁。

②将羊肉、薏米、姜片放入炖锅中，加适量水，用大火烧开后改小火，煲至肉熟。

③加入冬瓜、胡萝卜煮熟，加精盐、鸡精、葱花调匀即可。

♻ 操作要领

薏米以白色粒状为最佳，粉状会减轻其药效。

👉 营养贴士

此汤具有利水消肿、清热解毒的功效。

⊙**主料：** 猪肚 200 克

⊙**配料：** 枸杞 5 克，葱段、姜片、香叶、香茅草、精盐各适量

🔄 操作步骤

①将猪肚清洗干净，切成长段；枸杞、香叶、香茅草用清水浸 1 小时。

②将葱段、姜片、香叶、香茅草、枸杞和猪肚一起放入锅内，加清水适量，用大火煮沸后，用小火煲 2 小时，加精盐调味即可。

♻ 操作要领

猪肚一定要清洗得足够干净，这样做出来的菜味道才会好。

👉 营养贴士

此汤可健脾胃、益心肾、补虚损。

视觉享受：★★★　味觉享受：★★★★　操作难度：★★★

枸杞猪肚汤

TIME 180 分钟

菜品特点
肉质鲜嫩
营养丰富

生地羊肾汤

TIME 60分钟

菜品特点
汤味鲜浓
肉质鲜嫩

➡ **主料：** 羊肾 500 克，白萝卜 100 克

🔄 **配料：** 枸杞、生地黄、植物油、姜片、精盐各适量

视觉享受：★★★
味觉享受：★★★★
操作难度：★★★

🔄 操作步骤

①将羊肾洗净，从中间切为两半，除去白色脂膜，再次冲洗干净，切成薄片；白萝卜洗净切块；生地黄、枸杞用清水冲洗干净。

②锅中放油烧热，将姜片和羊肾片一起放入翻炒片刻，然后注入适量清水，放入枸杞、生地黄和萝卜，加精盐调味，烧开后改小火，将羊肾炖至熟烂即可。

🔷 操作要领

做动物肾脏类汤时，肾脏的量要多一些，因为它们一煮就缩得很少。

📖 营养贴士

此汤具有健脾益肾、强身健体的功效。

日常主食

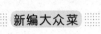

夹心糍粑

TIME 40分钟

菜品特点
糯软甜香
沁人心脾

➡ **主料:** 糯米 300 克，红豆沙泥 150 克
🔄 **配料:** 炸花生仁、花生油（熟）各适量

视觉享受：★★★★
味觉享受：★★★★
操作难度：★★★

➰ 操作步骤

①将糯米洗净蒸熟。

②手上沾点油，将熟糯米饭分成若干份，用模具压成长 10 厘米、宽 10 厘米、厚 1 厘米的块，放在干净潮湿的布上。

③将同等大小的豆沙泥夹在两块糯米块中间，上面再点上几颗炸花生仁，如此做完其他糯米块即成。

➰ 操作要领

蒸糯米一般需要 25 钟；糯米块要压紧，以防松散；糍粑凉着吃更美味。

☞ 营养贴士

此主食有补中益气、健脾养胃、止虚汗的功效。

视觉享受：★★★★　味觉享受：★★★★★　操作难度：★★

油炸糕

TIME 35分钟

菜品特点
里香外酥

⊙ **主料：** 糯米粉250克

⊙ **配料：** 豆沙馅200克，植物油适量

🍳 操作步骤

①糯米粉倒入容器中，加入滚开的水揉成团。

②将面团和豆沙馅各分成10份，取一份面团擀圆用手圈起，包入豆沙馅，按平；其余部分依此照做。

③锅置火上，倒入油，油热后，下油炸至金黄色即可。

🥄 操作要领

炸的时候，要注意不停按压，不然面团会有轻微的炸开现象。

👉 营养贴士

油炸糕是北方常见的早餐食品，简单易做，老少皆宜。建议老年人适当少吃油炸食品。

⊙ **主料：** 面粉500克，猪肉300克，韭菜500克

⊙ **配料：** 葱10克，姜5克，胡椒粉、味精各2克，鸡蛋1个，甜面酱30克，精盐、香油各5克，生抽10克，料酒15克，花生油、生抽、老抽各适量

🍳 操作步骤

①韭菜择洗干净，切碎；葱、姜切成碎末，备用。

②猪肉切成小块后剁碎，添加料酒、老抽、生抽、甜面酱调匀。

③韭菜、葱末、姜末磕入一个鸡蛋，放入肉馅，加花生油、精盐、胡椒粉、味精、香油调匀。

④面粉加凉水和成面团，醒10分钟揉匀，搓成长条，揪成大小均匀的剂子，擀成饺子皮，包进肉馅，捏成饺子。下锅煮好即可。

🥄 操作要领

分三次添加凉水，看到饺子膨胀漂浮起来即熟。

👉 营养贴士

此水饺具有补肾温阳、益肝健脾的功效。

视觉享受：★★★★★　味觉享受：★★★★★　操作难度：★★

黄金蒸饺

TIME 50分钟

菜品特点
色泽艳丽
口感鲜美

酱香蒸饺

TIME 30 分钟

菜品特点
持细顺滑
酱香浓郁

● 主料：面粉 500 克，猪肉馅 300 克，冬瓜 150 克
● 配料：火腿末 20 克，姜末 5 克，精盐、酱油各 3 克，香油、白酒各 10 克

操作步骤

①将面粉用热水和成烫面团，并切成小块，再擀成饺子皮。
②猪肉馅剁细，放入火腿末、姜末和所有的调味料（酒、精盐、酱油、清水、香油）拌匀，冬瓜洗净去皮，切成小丁，放入肉馅中搅拌均匀。
③每张饺子皮中包入适量的馅料，捏成饺子。把做好的饺子放入蒸笼中，用大火蒸 8 分钟即可。

视觉享受：★★★★★
味觉享受：★★★★★
操作难度：★★

操作要领

冬瓜可以切得碎一些，口感会更好。

营养贴士

此菜具有调理贫血、糖尿病及滋阴养生等功效。

视觉享受 ★★★★★ 味觉享受 ★★★★★ 操作难度 ★★

刀切馒头

TIME 40 分钟

菜品特点

膨松饱满

● **主料**：小麦粉 500 克
● **配料**：干酵母粉 5 克，水适量

操作步骤

①将酵母粉倒入温水中调匀，分次倒入面粉中，边倒水边用筷子搅拌，直到面粉开始结成块用手反复搓揉，待面粉揉成团时，用湿布盖在面团上，静置 40 分钟。

②面团膨胀到两倍大时，在面板上撒上适量干面粉，取出发酵好的面团，用力揉成表面光滑的长条。切成大小均匀的馒头生坯，放在干面粉上再次发酵 10 分钟。

③蒸锅内加入凉水，垫上蒸布，放入馒头生坯，用中火蒸 15 分钟，馒头蒸熟后关火，先不要揭开盖子，静置 5 分钟后再出锅。

操作要领

馒头要凉水下锅，水开后保持中火。

营养贴士

面粉富含蛋白质、碳水化合物、维生素和钙、铁、磷、钾、镁等矿物质，有养心益肾、除热止渴的功效。

● **主料**：刀切小馒头 12 个
● **配料**：油、炼奶各适量

操作步骤

①取一半小馒头上蒸笼蒸 10 分钟。

②锅中倒入油，烧至五成热，把剩余的小馒头放下去，开中火炸，要不断翻身，开始会一直浮上来，需要用筷子把馒头压下去。

③炸至馒头变成金黄色，筷子碰上去，感觉到酥脆就可以捞起沥干油。

④最后要用吸油纸吸去油分，和白馒头一起摆盘蘸炼奶吃即可。

操作要领

炸馒头时火不要太大，否则馒头一下去就容易焦了。

营养贴士

未炸的馒头洁白如玉，松软可口；炸好的小馒头外脆里嫩，蘸着炼奶吃非常可口。

视觉享受 ★★★★★ 味觉享受 ★★★★★ 操作难度 ★★

金银馒头

TIME 30 分钟

菜品特点

色泽诱人
浓香松软

 黄金大饼

TIME 60分钟

菜品特点
绵软香甜
营养丰富

主料: 面粉 300 克,鸡蛋 1 个

配料: 切碎的鸡肉粒 450 克,干酵母 3 克,咖喱粉 4 克,葱花 25 克,橄榄油 25 克,精盐、细砂糖、白芝麻各适量,大蒜粒 15 克,姜末 10 克,胡椒粉 2 克

操作步骤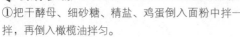

①把干酵母、细砂糖、精盐、鸡蛋倒入面粉中拌一拌,再倒入橄榄油拌匀。

②用 180 克温水把面和匀,面盆罩上保鲜膜进行基础发酵。

③炒锅上火注入橄榄油,下入蒜粒煸出香味儿,放入鸡肉粒煸炒,鸡肉变色下入葱花、姜末继续煸炒出香味儿,再放入咖喱粉煸炒出金黄色,然后用精盐、细砂糖、胡椒粉进行调味,炒匀后出锅晾凉备用。

④面团儿发好后放到案板上揉匀,然后再醒 15 分钟,用擀面杖擀开,呈圆形的面片。

⑤在面片上倒入馅料,用面片把馅料包起来,用手

按匀后送入烤炉,在烤盘下放一盘热水,关好炉门以 30~40℃炉温进行最后的发酵。

⑥大饼发至近两倍大时取出,炉温可调到 170℃开始预热。调制一些糖水,用毛刷把糖水涂抹在面饼上,再撒些白芝麻。把大饼置入预热好的烤炉,上下火 170℃烘烤 20 分钟即可出炉。

操作要领

和面一定要用温水,忌用冷水和面。

营养贴士

此饼营养丰富,非常适合儿童和老人食用。

视觉享受：★★★★★ 味觉享受：★★★★★ 操作难度：★★

窝头

TIME 40 分钟

菜品特点
色泽金黄
富含纤维素

➡ **主料：** 细玉米面 320 克
➡ **配料：** 黄豆粉 160 克，大枣适量

🍳 操作步骤

①将细玉米面、黄豆粉混合加入温水，放入切碎的
大枣揉成面团，揉匀后搓成圆条，再揪成面剂。
②在捏窝头前，右手先蘸点凉水，擦在左手心上，
取面剂放在左手心里，用右手指揉捻几下，将风干
的表皮捏软，再用两手搓成球形，仍放入左手心里。
③右手蘸点凉水，在面球中间钻一个小洞，边钻边
转动手指，左手拇指及中指协同捏拢。将窝头上端
捏成尖形，直到窝头捏到 0.3 厘米厚，且内壁外表
均光滑，上屉用武火蒸 20 分钟即成。

🥄 操作要领

切大枣前应先去除枣核。

👉 营养贴士

窝头多是用玉米面或杂合面做成，含有丰富的膳食纤维，
能刺激肠道蠕动，可预防动脉粥样硬化和冠心病等心血
管疾病。

➡ **主料：** 面粉 100 克，豆沙馅 100 克
➡ **配料：** 牛奶 150 克，鸡蛋 1 个，油、精盐、
玉米油各适量

🍳 操作步骤

①面粉、精盐和鸡蛋搅拌均匀，分次加入牛奶拌成
没有颗粒的面糊，最后加一点玉米油拌匀。
②平底锅烧热，锅底扫一点点油，把面糊分次倒入，
晃动平底锅使面糊摊匀，一面凝固后快速翻面，煎
成一张薄饼后取出。在煎熟的饼皮中央铺上豆沙馅，
一边折起，封口用面糊封好。
③平底锅内放 3 大勺油烧热，把包好的豆沙饼放入，
煎炸至两面金黄即可盛出。

🥄 操作要领

也可以将饼皮包上豆沙馅后，折叠成长方形。

👉 营养贴士

红豆富含维生素 B_1、维生素 B_2、蛋白质及多种矿物质，
有补血、利尿、消肿、促进心脏活化等功效。

视觉享受：★★★★★ 味觉享受：★★★★★ 操作难度：★★

豆沙锅饼

TIME 30 分钟

菜品特点
表面金黄
外酥里甜

黑芝麻糯米粥

菜品特点
黏糯香甜
美味养生

▶ **主料:** 糯米 100 克，黑芝麻 50 克
👍 **配料:** 杏仁碎、冰糖各 20 克

视觉享受：★★★
味觉享受：★★★★
操作难度：★

🐟 **操作步骤**

①先将黑芝麻下锅用小火炒香，然后捣碎。

②将提前泡好的糯米冷水下锅，大火先熬 10 分钟，之后放黑芝麻、杏仁碎等，20 分钟后，凭个人口味放入冰糖，关火即可。

👉 **营养贴士**

此粥具有很高的营养价值，黑芝麻含有多种人体必需的氨基酸和丰富的维生素 E，可以延缓细胞衰老，具有美容、增加头发光泽度、保护视力等功效。

🥄 **操作要领** ◀◀◀

因为糯米容易黏底，煮粥过程中要慢慢搅拌。

豆沙薯饼

视觉享受 ★★★★★ 味觉享受 ★★★★★ 操作难度 ★★

TIME 30分钟

菜品特点
软糯香甜
营养可口

➡ **主料：** 红薯 2 个，糯米粉适量
👉 **配料：** 豆沙、植物油、白芝麻各适量

操作步骤

①红薯洗净，微波炉高火烤 3 分钟，翻个面再转，直到软，趁热扒开皮，用小勺把红薯肉取出放在盆里，加入糯米粉，和成面团，醒面约 20 分钟。

②将面分成比饺子剂略大点的团，按扁，取豆沙一小团，放在面团中，然后捏住口，不要露出豆沙，粘上白芝麻，油锅放油，三成热时放豆沙饼坯进去小火慢慢炸，至两面金黄。

操作要领 ◀◀◀

炸时要小火慢炸，否则容易炸焦。

营养贴士

此饼不仅有红薯，还有豆沙，具有润肠滋补的功效。

➡ **主料：** 韭菜 150 克，白面粉 100 克，精盐 3 克，鸡蛋 100 克
👉 **配料：** 植物油 80 克，酱油 30 克

操作步骤

①将韭菜去死叶洗净，切末；鸡蛋磕在碗里，搅匀。

②在韭菜里加入精盐、鸡蛋、酱油、白面粉，拌匀成糊。

③在平底锅里倒入植物油，倒入面糊，用中火烤热，用勺子均匀按压，让其成为饼状，煎成两面变色即可食用。

操作要领 ◀◀◀

韭菜应摘去顶部和底部的死叶。

营养贴士

韭饼具有保暖、健胃的功效，韭菜中所含的粗纤维可促进肠蠕动，能帮助人体消化。

韭菜煎饼

视觉享受 ★★★★★ 味觉享受 ★★★★★ 操作难度 ★

TIME 5分钟

菜品特点
色香诱人
快捷简便

葱香鸡蛋软饼

香气四溢
利于消化

➡ **主料:** 鸡蛋 150 克,面粉 200 克
👍 **配料:** 葱花、精盐、植物油各适量

营养享受 ★★★
味觉享受 ★★★
操作难度 ★

操作步骤

①在面粉中打一个鸡蛋,根据个人口味放入适量精盐拌匀,再慢慢加入适量水,使面糊成为流动的糊状,再将葱花拌入备用。

②平底锅中倒入少许植物油,倒入适量面糊摊成薄饼,两面煎黄后出锅。

操作要领

面糊不要调得太稠,要不然摊饼的时候比较困难。

 营养贴士

此饼有利于消化吸收,能满足人体热量基本需要。

视觉享受: ★★★★★　味觉享受: ★★★★★　操作难度: ★

手撕饼

TIME 20 分钟

菜品特点
口感酥软
美酥可口

- **主料:** 面粉适量
- **配料:** 色拉油、辣椒粉各适量

操作步骤

①用温水把面先做成面穗状，把面盖起来避免表皮发干，醒 10 分钟左右，取出放在面板上，分割成大小合适的剂子。

②将分好的剂子擀开，在上面抹色拉和辣椒粉。然后像折扇子一样，把面皮折起来，再从一端卷起来。将面皮卷好之后，尾端塞入底部，少沾面粉，将面皮按扁，擀成手撕饼面胚备用。

③煎锅放火上，锅热后倒入少许色拉油，放入面胚烙制，一面变成金黄色后，翻面烙另一面。可以用锅铲不停地转动饼并轻轻敲打，使饼随着敲打层次更加分明。待两面金黄时，饼便可以出锅了。

操作要领

经过锅铲敲打的饼，层次分明，轻轻一抖，能松散开。所以这步不能省略。

营养贴士

此饼制作简单，口感酥软，适合做早餐。

- **主料:** 小米、面粉各适量，鸡蛋 1 个
- **配料:** 蜜糖 15 克，猪油 10 克，香油适量

操作步骤

①小米与水按 1：1 的比例煮成饭，然后用筷子搅散，再盖上盖，用保温档焖一会儿。焖好的小米饭与面粉、鸡蛋、猪油、蜜糖混合，用筷子搅拌出黏性。

②热锅，撒上香油，油热放上小米混合物，用勺子按成饼形，盖上盖子小火煎，中间转动饼几次，使饼的各部分受热均匀。煎到饼的表面颜色变深时证明已经煎透了，小心地给饼翻一个身，再煎一会儿即可。

操作要领

根据个人喜好，可以淋上炼乳，搭配自己喜欢的水果。

营养贴士

此饼具有滋阴养血、防治消化不良等功效，尤其适合老人、病人、产妇食用。

视觉享受: ★★★★★　味觉享受: ★★★★★　操作难度: ★

小米饼

TIME 20 分钟

菜品特点
色泽金黄
美味健康

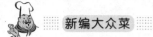

鸡蛋蒸肉饼

TIME 30 分钟

菜品特点
口感细嫩
多汁舒爽

➡ **主料：** 鸡蛋 200 克，瘦肉 150 克

➡ **配料：** 葱、淀粉、香油、精盐、鸡精各适量

视觉享受：★★★
味觉享受：★★★
操作难度：★

➡ 操作步骤

①瘦肉洗净后切成大块，打碎成肉泥备用；葱切末后备用；鸡蛋磕入碗中搅匀备用。

②把肉泥和鸡蛋液混合，加水，用精盐、鸡精调味，加淀粉和成面饼状，放到盘中，上面淋香油，撒上葱末。

③上锅蒸 25 分钟左右，肉饼熟透出锅即成。

➡ 操作要领

做肉饼时加的水量大约为两个鸡蛋的体积。

➡ 营养贴士

此饼易于消化吸收，有增强免疫力、平衡营养吸收等功效。

视觉享受 ★★★★ 味觉享受 ★★★★ 操作难度 ★★★

花蒸肉饼

TIME 40分钟

菜品特点

软嫩美味
利于入口

主料： 芒果100克，瘦肉100克，豌豆10克

配料： 生姜10克，精盐、味精各5克，胡椒粉少许，洋葱、干生粉各适量

操作步骤

①芒果去皮取肉切丁；瘦肉剁成泥；生姜去皮切末；豌豆洗净，焯水后捞出；洋葱切片备用。

②瘦肉用碗装上，调入精盐、味精、姜、胡椒粉、干生粉打至起胶，倒到碟内成饼形，上面撒上芒果丁、豌豆待用。

③蒸笼烧开水，放入肉饼用旺火蒸8分钟拿出，周围用洋葱片点缀即成。

操作要领

猪肉要以三分肥，七分瘦的肉为最佳。

营养贴士

此饼富有营养，有滋补养身的效果。

主料： 菠菜500克，鸡蛋液200克，面粉500克，牛奶1000克

配料： 植物油200克，砂糖50克，豆蔻粉、精盐、枸杞、番茄酱各适量

操作步骤

①将枸杞泡发备用；鸡蛋液搅匀备用；将菠菜洗净放入沸水内烫熟，捞出控干，切末，加入砂糖、鸡蛋液拌匀，把精盐、面粉、豆蔻粉、牛奶放到器皿内调拌均匀，倒入菠菜末、枸杞调匀成菠菜糊备用。

②把煎锅烧热，倒入植物油，油热后放入菠菜糊摊成薄圆饼，煎至两面金黄色取出切块摆盘，吃时蘸番茄酱即可。

操作要领

番茄酱也可以换成其他果酱。

营养贴士

此饼有助消化，还对缺铁性贫血有很好的改善作用。

视觉享受 ★★★ 味觉享受 ★★★ 操作难度 ★

菠菜煎饼

TIME 15分钟

菜品特点

香甜可口
简单好做

泡椒牛肉面

TIME 8分钟

菜品特点
软糯适口

视觉享受：★★★★★
味觉享受：★★★★★
操作难度：★

 **主料：** 牛肉 200 克，鲜切面 500 克，泡椒 13 克

配料： 姜 20 克，蒜 2 克，小白菜 30 克，花椒 1 克，生抽 10 克，老抽 5 克，白糖 2 克，精盐 3 克，香葱 3 克，红椒 8 克，植物油、豆芽各适量

操作步骤

①将牛肉洗净后，切小块，焯水后捞出；红椒、香葱洗净切段。

②锅内放油，加牛肉、花椒、姜、蒜炒香，再加红椒、生抽、老抽翻炒。

③锅中加入开水，再倒入准备好的泡椒，炖煮牛肉直至熟透，最后加入精盐、白糖。

④水沸后下切面，待水开后加 30 克水，重复两次，加入豆芽、小白菜，待水开后将面和蔬菜捞入碗内。

⑤将泡椒牛肉汤盛入碗内，撒上香葱即可。

操作要领

加少许花椒炒牛肉，味道会更香。

营养贴士

牛肉蛋白质含量高、脂肪含量低、味道鲜美，享有"肉中骄子"的美称，非常受人喜爱。

视觉享受：★★★★★　味觉享受：★★★★★　操作难度：★

三丝春卷

TIME 30分钟

菜品特点
色泽美观
酥脆上口

主料： 饺子皮、鸡蛋、绿豆芽、韭菜各适量
配料： 水淀粉、精盐、粉条、油各适量

操作步骤

①将绿豆芽掐头去尾洗净切碎；粉条温水浸泡至软捞出切碎；韭菜择洗干净切碎；鸡蛋打散摊成蛋皮切碎。将所有菜倒入锅中加少许精盐略炒，盛出待冷却备用。

②将饺子皮擀成薄片，放上炒好的馅料，先卷起一边，再将两边向中间折起，卷向另一边形成长扁圆形的小包，用水淀粉收口，包成春卷，排入盘子。

③锅置火上，油烧至七成热，转中火将包好的春卷逐一放入，炸至表面呈金黄色捞出，沥油装盘。

操作要领

炸的火候要掌握好，不要用大火，以免炸焦。

营养贴士

春卷有迎春之意，是春节宴席上不可少的佳肴。

主料： 羊肉200克，鸡蛋150克
配料： 红辣椒、葱末、植物油、蒜末、精盐、料酒、淀粉各适量

操作步骤

①羊肉切成肉茸，放入精盐、料酒、淀粉腌渍；打鸡蛋，搅匀鸡蛋液；红辣椒切丁备用。

②在炒锅中加植物油，油温七成热的时候把羊肉放进去，变色后马上拿出来沥干油。

③将葱末、蒜末放入鸡蛋液中搅匀，放入羊肉茸搅匀，煎锅倒油，把羊肉放到煎锅上，周围起泡的时候再翻面。

④羊肉煎好后装盘，用红辣椒末点缀即成。

操作要领

煎制时要用小火。

营养贴士

此主食可以增加人体热量，抵御寒冷，而且还能增加消化酶，保护胃壁。

视觉享受：★★★★　味觉享受：★★★★　操作难度：★★

锅塌羊肉

TIME 30分钟

菜品特点
香气扑鼻
制作简单

肥肠米粉

TIME 25分钟

视觉享受：★★★
味觉享受：★★★★
操作难度：★★

菜品特点

咸鲜耙香
微有辣味

主料： 肥肠50克，鲜米粉300克

配料： 香芹、蒜末、红辣椒、葱花、精盐、红油、植物油、花椒粉、料酒、鸡精各适量

操作步骤

①将肥肠处理干净，投入沸水锅中焯水至断生，捞起再次洗净，将肥肠下锅，熬成原汤；红辣椒、香芹切碎备用；米粉用清水洗干净。

②拣出肥肠切成片，炒锅内放上植物油烧热，下蒜末炒香，放煮肥肠的原汤，再放料酒、精盐、鸡精、肥肠，煮沸3分钟后，打渣，盛入缸内。

③精盐、香芹、葱花、红油、鸡精、花椒粉、红辣椒末分别装入器具内待用。

④将米粉抓入竹丝漏子里，放入开水中烫热，倒入碗中，用精盐、香芹、葱花、红油、鸡精、花椒粉、红辣椒末调味，放入肥肠即成。

操作要领

肥肠要洗净，去净油筋。

营养贴士

此主食可增进食欲，帮助消化。

视觉享受：★★ 味觉享受：★★★ 操作难度：★

胡萝卜菠菜粥

TIME 15分钟

菜品特点

清新爽滑
营养丰富

主料： 胡萝卜400克，米150克，菠菜150克

配料： 香油、精盐少许

操作步骤

①胡萝卜切丁备用；菠菜洗干净切段备用；米用清水淘洗干净。

②锅置火上，加适量水，烧热后，放入米煮沸。

③米粥煮沸后加入胡萝卜，加热5分钟，放入少许香油。

④粥再次煮沸后放入菠菜，煮2分钟后加入精盐搅均匀，拌出锅。

操作要领

煮粥时要用文火。

营养贴士

此粥可以促进肠胃的蠕动，有消除便秘的功效。

主料： 鸡蛋2个

配料： 白糖适量

操作步骤

①鸡蛋用电动打蛋器低速搅打一会儿，分次放入白糖，直打到沾在打蛋器上的蛋液不容易往下掉。

②将打好的蛋液用小勺摊在铺了锡纸的烤盘上。

③烤箱预热160℃，烤盘入烤箱，上下火160℃烤制约10分钟呈浅褐色即可。

操作要领

蛋液要打到一定程度，否则会影响最后效果。

营养贴士

蛋酥可以搭配巧克力炼乳或巧克力酱食用，尤其适合儿童食用。

视觉享受：★★★★★ 味觉享受：★★★★★ 操作难度：★★

蛋酥

TIME 15分钟

菜品特点

蛋香四溢
营养美味

香蕉糯米果

TIME 25 分钟

菜品特点
外酥里嫩
营养丰富

● **主料:** 香蕉、糯米各适量
● **配料:** 白糖、鸡蛋液、白芝麻各适量

视觉享受: ★★★★
味觉享受: ★★★★
操作难度: ★★

🌀 操作步骤

①香蕉剥皮挤压成泥状备用; 糯米浸泡 2 小时以上, 入锅蒸熟, 将蒸熟的糯米饭用擀面杖捣打或用手揉搓。

②放入适量的白糖, 加入香蕉泥, 搅拌均匀, 放入盘内, 压紧, 放入冰箱冷冻 1 小时左右。

③把冻好的糯米拿出切小块, 均匀的裹上一层鸡蛋液, 沾满白芝麻。

④坐锅上火放油, 烧至四成热, 放入做好的糯米块, 转中小火, 炸至外表金黄, 捞出, 放吸油纸上吸油

即可。

🔺 操作要领

炸的时候油温不要太高, 不然很容易炸煳, 看到呈金黄色就可以捞出沥油装盘了。

📖 营养贴士

香蕉不仅能供给人体丰富的营养和多种维生素, 还可以使皮肤柔嫩光泽、眼睛明亮、精力充沛、延年益寿。